KB182575

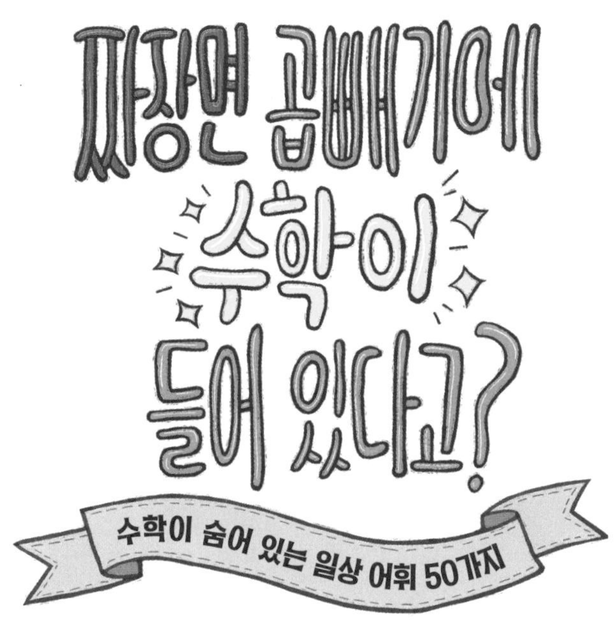

김용관 글 | 이창우 그림

사계절

읽기 전에

수학은 우리 일상에서 어떻게 쓰이고 있을까?

라면 면발은 꼬불꼬불 말려 있어서 별로 길어 보이지 않아요. 그래서 라면 면발보다 30cm 자가 더 길 거라고 지레 판단하기 쉬워요. 하지만 라면 면발을 쭉 펼쳐 보세요. 보통 40cm랍니다. 30cm 자보다도 꽤 길어요. 길고 짧은 건 대어 보아야 아는 법이에요. 무슨 일이든 머릿속으로만 생각하기 보다, 직접 확인해 봐야 하죠.

'길고 짧은 것은 대어 보아야 안다'는 말은 수학에서도 중요해요. 길고 짧은 것을 대어 보다가 수가 출현했거든요. 옛날부터 사람들은 크기 비교에 관심이 많았어요. 어느 것이 더 큰지, 어느 쪽이 더 많은지 알고 싶어 했죠. 그래서 두 사람이 등을 맞대고 키를 재어 보는 것처럼 직접 비교해 봤답니다.

그런데 이 산과 저 산의 높이, 이 강과 저 강의 폭처럼 직접 대어 보기 어려운 경우가 종종 발생했어요. 그래서 뼘이나 막대기 등을 활용하기 시작했어요. 비교하고자 하는 대상이 뼘이나 막대기 몇 개에 해당하는 크기인지 재어서 비교해 본 거죠. 그 '몇 개'를 나타내는 게 수였어요. 수를 보면 무엇이 길고 짧은지를 정확히 알 수 있어요.

수학은 모호하고 불확실한 것들을 선명하게 보여 주는 안경과 같아요. 구불구불한 모양의 땅 넓이, 바다에 떠 있는 배의 위치, 피라미드의 높이처럼 눈으로만 봐서는 알아내기 어려운 문제를 깔끔하게 풀어 주죠. 그래서 우리가 수학을 공부하는 거예요. 단지 시험 때문에 공부하는 것은 아니랍니다.

심지어 수학은 다른 사람과 주고받는 말에도 활용되어 왔어요. 웃음을 '만국 공통어'라고 하고, 가수 두 명이 함께 노래를 부를 때는 'A×B'로 표현하고, 만날 듯 만나지 못하는 두 사람의 관계를 '평행선'에 비유해요. 수학 용어인 만(10,000)이나 ×(곱셈 기호), 평행선을 굳이 쓴 이유가 뭘까요? 전달하고 싶은 내용을 간단하고 효과적으로 표현해 주기 때문이에요.

수학과 관련이 있다는 사실을 눈치채기 어려운 어휘도 많답니다. '분수를 알라'고 할 때의 '분수'는 $\frac{2}{3}$ 같은 수를 말하는 그 분수예요. '참 근사하다'의 '근사'는 근삿값의 그 근사이고요. '점심'의 '점'은 꼭짓점의 그 점이고, '짜장면 곱빼기'의 '곱'은 곱셈의 그 곱이에요. 의외죠!

이 책은 수학과 관련된 어휘들을 모아 놓았습니다. 그 뜻은 알아도 수학과 관련이 있다는 사실은 미처 몰랐을 어휘들입니다. 재미있는 만화와 함께 즐겁게 책 속을 여행해 보세요. 여러분의 어휘력이 제곱으로 늘어나 있을 겁니다.

차례

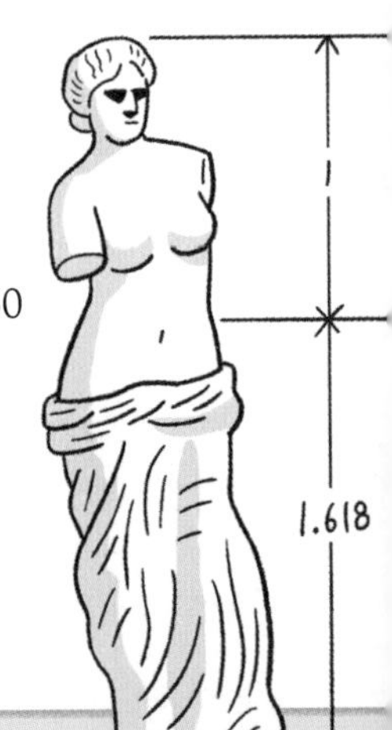

가도 계속 가도
끝이 없어~

$\frac{1}{3}$컵

01

9단

저 태권도 선수는 왜 계속 9단이야?
더 이상 실력이 안 늘었나 봐.

아직도 연습을 많이 한다고 하던데.
이얍!

그런데 왜 계속 9단에서
멈춰 있는 거지?
9단

9단이 가장
높은 거 아닐까?

[한 자리 숫자]

0 1 2 3 4 5 6 7 8 9

바둑, 태권도 등의 경기에서 가장 높은 단수는 9단이에요. 그 분야 최고 경지에 올랐을 때 9단이 되죠. 그 이상은 없어요. 10 이상의 수를 몰라서가 아니에요. '9'라는 수가 갖고 있는 상징성 때문이랍니다.

9는 한 자리 숫자 중에서 가장 큰 수예요. 오를 수 있는 마지막이자 최고의 자리가 바로 9인 거죠. 9단을 때로는 '입신(入神)의 경지'라고도 말해요. 인간의 수준이 아닌 신의 경지에 이르렀다는 뜻이에요. 9단이라는 표현은 스포츠 말고도 여러 영역에서 쓰여요. 살림을 아주 잘하면 '살림 9단', 최고 수준의 정치가라면 '정치 9단'이라고 하죠.

최고 단수가 9단이 아닌 종목도 있어요. 유도는 10단이 최고예요. 그러면 최고 단수가 가장 높은 분야는 무엇일까요? 바로 '눈치'랍니다.

눈치가 빠른 사람을 '눈치 100단'이라고 하잖아요.

02

가분수

우아,
엄마, 부처님 머리가
너무 커서 가분수 같아!

부처님이 우리를 위해
고민하시느라 머리가
커지신 거란다.

이제 고민 그만하시라고 해.
고꾸라지실 것 같아.

핵심

진분수 < 1 ≤ 가분수

예) $\frac{2}{3}$, $\frac{4}{7}$ 예) $\frac{3}{3}$, $\frac{5}{2}$

가분수는 $\frac{3}{3}$, $\frac{5}{2}$처럼 분자의 크기가 분모와 같거나 더 큰 분수를 말해요. 그래서 머리가 몸보다 크거나, 위쪽이 아래쪽보다 더 큰 모양을 보면 가분수라고 빗대어 불러요.

가분수의 '가(假)'에는 '가짜', '거짓', '임시'라는 뜻이 들어 있어요. 그러니까 가분수는 '가짜 분수' 또는 '임시로 사용하는 분수'라는 뜻이에요. 의외죠?

분수는 피자 조각이나 물 반 컵처럼 하나가 되지 못한 크기, 즉 1보다 작은 크기를 표현하려고 만들어졌어요. 그 목적에 딱 맞는 분수가 '진분수'예요. $\frac{2}{3}$, $\frac{4}{7}$처럼 분자가 분모보다 더 작은 분수 말이에요. 그래서 '참' 또는 '진짜'라는 뜻의 '진(眞)'을 붙여 진분수라고 불러요.

그런데 $\frac{3}{3}$, $\frac{5}{2}$ 같은 분수는 크기가 1이거나 1보다 더 크니까 분수가 만들어진 원래 의도에서 벗어나 있네요. 그래서 가짜 분수 또는 임시로 사용하는 분수라는 뜻으로 가분수라고 불렀던 거예요. 가분수는 수학의 범위를 넓혀 주었어요. $\frac{4}{5}+\frac{3}{5}$을 $\frac{7}{5}$이라고 바로 말할 수 있게 해 주잖아요. 가분수는 알고 보면 혁신적인 분수랍니다.

03

간단하다

자네, 간단히 좀 말해 주겠나? 시간이 별로 없어서.

시간이 없으니까 길게 말하는 겁니다!

그게 무슨 말인가?

간단하게 줄일 시간이 없어서 주저리주저리 이야기하는 겁니다.

간단(簡單) = 죽간 1개(내용이 짧아 죽간 1개에 담을 수 있다는 의미)

'간단'이라는 말, 그 뜻처럼 단순하고 간략하게 설명하기는 쉽지 않아요. 간단(簡單)의 '간(簡)'은 죽간을 뜻해요. 죽간이 뭐냐고요? 옛날에 글을 적기 위해 사용했던, 대나무로 만들어진 조각이에요. 요즘으로 치면 메모지 한 장 정도 분량이 될 거예요. 그 죽간 여러 개를 줄로 엮어 놓은 게 바로 책이랍니다. 책(冊)의 한자를 보세요. 죽간 여러 개가 묶여 있는 모양이잖아요.

간단의 '단(單)'은 단수냐 복수냐 할 때의 '단'이에요. '홑 단'이죠. 그래서 간단은 '죽간 1개'라는 뜻이에요. 내용이 짧아 죽간 1개면 충분하다는 거죠. 그게 간단입니다. 간단이라는 말의 뜻이 확 다가오지 않나요?

그런데 어떤 내용을 간단히 말하는 건 참 어려워요. 핵심을 쉽고 짧게 전달해야 하니까요. 'just do it(그냥 해라)' 같은 슬로건은 간단하지만, 그 문구를 생각해 내기 위해 쏟아부은 시간은 길었어요. 기나긴 고민 끝에 간단한 말이 나오는 법인가 봐요. 그래서 프랑스의 수학자 파스칼이 말했다죠. "짧게 쓸 시간이 없어서 길게 씁니다"라고요.

04

갑부

머스크 아저씨, 아저씨는 돈이 얼마나 많아요?
헬로 친구! 아저씨는 세계의 갑부란다.
/00000
돈이 엄청 많으시군요. 그럼 세계 최고의 갑부는 누구예요?
방금 말했잖니, 내가 바로 '갑부'라니까!
50000

	1	2	3	4	5	6	7	8	9	10
십간 =	갑	을	병	정	무	기	경	신	임	계
	甲	乙	丙	丁	戊	己	庚	辛	壬	癸

'갑부'라고 하면 부자 중에서도 돈이 특히 많은 부자 느낌이에요. 그래서인지 첫째가는 부자라는 뜻으로 '최고 갑부'라는 표현을 종종 사용해요.

그런데 갑부라는 말에는 최고이자 첫 번째라는 뜻이 이미 담겨 있어요. 갑부의 '갑(甲)'은 '갑을병정무기경신임계'로 이어지는 십간(十干)의 첫 번째예요. 고대 중국 사람들은 10개의 서로 다른 태양이 있다고 생각했답니다. 그 태양들이 순서대로 뜨고 지는 거죠. 서로 다른 태양이기에 서로 다른 이름을 붙여 줬어요. 그게 십간이었고, 그중에서 첫 번째 태양이 갑이었어요.

이렇게 갑에는 이미 '첫 번째'라는 뜻이 포함되어 있어서 갑부라고 하면 최고 부자 또는 첫째가는 부자라는 뜻이에요. 그러니까 굳이 '최고' 갑부라고 말하지 않아도 돼요. 하지만 지역을 한정하면 갑부가 여러 명 있게 돼요. 우리 동네의 갑부, 제주도의 갑부, 대한민국의 갑부처럼요.

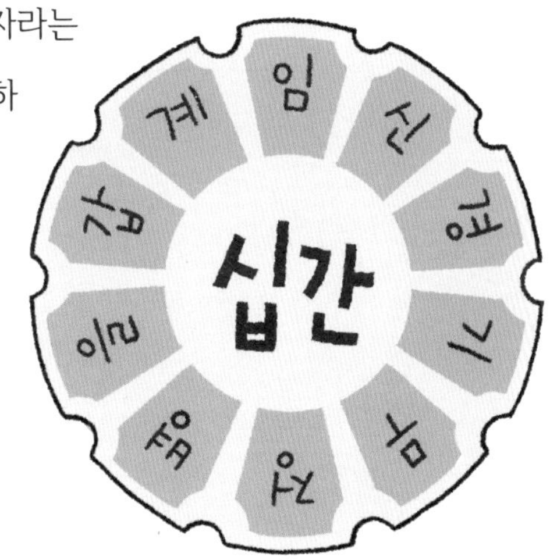

05

겉과 속/안과 밖

케이크 하나 고르는데
왜 이렇게 오래 걸려?

어떤 케이크를
좋아할지 모르겠어.

저거 예쁘다!
보기 좋은 떡이 맛도
좋다고 하잖아.

겉 다르고 속 다른
것도 있거든….

핵심

외부와 내부가 완전히 단절되어 있음 → 겉과 속
외부와 내부가 연결되어 있어 이동 가능 → 안과 밖

봉지가 큰 과자 안에 공기만 잔뜩 들어 있거나, 울퉁불퉁한 근육을 가진 사람이 팔씨름에서 맥없이 지는 경우 '겉 다르고 속 다르다'라고 합니다.

'겉'은 어떤 사물의 외부(outside)이고, '속'은 내부(inside)예요. 딱히 어려울 게 없는 단어죠. 하지만 '겉과 속'이 '안과 밖'과 어떻게 다르냐고 묻는다면 상당히 어려워질걸요. 두 말은 같은 말일까요? 그렇지 않아요. '겉과 속'과 '안과 밖'은 우리 일상에서 다르게 사용되고 있어요.

늦은 밤 부모님은 '집 밖에 나가지 말라'라고 말씀하세요. '집 안' 또는 '집 밖'이라고 말하지, '집 속' 또는 '집 겉'이라고 말하지 않아요. 반대로 '겉 다르고 속 다르다'고 하지, '안 다르고 밖 다르다'고 말하지 않죠. 그때그때 사용하는 말이 달라요.

'겉과 속'은 외부와 내부가 완전히 단절된 물체나 공간을 말할 때 사용해요. 사과나 선물 상자는 외부와 내부가 단절되어 있어요. 외부에서 내부를 보거나, 내부로 들어갈 수가 없죠. '안과 밖'은 보통 내부와 외부가 연결되어 있어 이동할 수 있어요. 우리는 집의 내부로도 외부로도 이동할 수 있어요. 이처럼 애매모호한 것들을 엄밀하게 따져서 명확하게 이해하는 것이 수학이랍니다.

06

계산

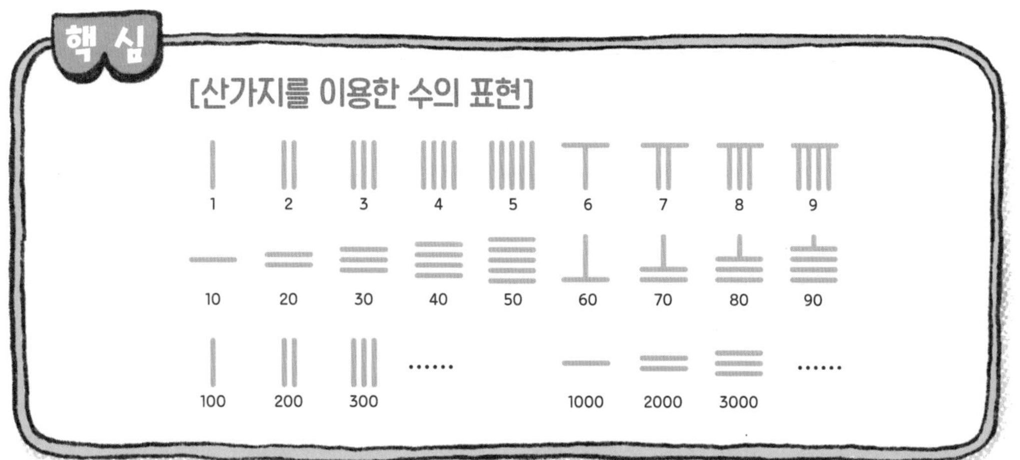

'3+5×2-6' 같은 식의 답을 알아내는 게 계산이에요. 계산의 '계(計)'는 言(말씀 언)에 十(열 십)이 합쳐진 말이에요. 1에서 10까지 말로 셈한다는 뜻이죠. '산(算)'은 竹(대 죽)에 具(갖출 구)가 합쳐진 말로, 대나무(竹)를 갖춘다(具)는 뜻이에요. 그러니까 '계산'은 대나무를 갖추어 1에서 10까지 말로 셈한다는 뜻이에요. 좀 생뚱맞죠? 하지만 알고 보면 아주 생생한 표현이랍니다.

아주 옛날에는 수를 세거나 계산할 때 선이나 나뭇가지 등을 활용했어요. 학급 회장 투표 결과를 셀 때 선을 하나씩 그어서 표시하는 것처럼요. 한자의 一(일), 二(이), 三(삼)이나 고대 로마숫자의 Ⅰ(일), Ⅱ(이), Ⅲ(삼)을 보세요. 이런 문자 모양은 선이나 나뭇가지로 수를 세고 표기하던 역사의 흔적입니다.

고대 동양에는 '산가지'라는 게 있었어요. 산가지는 계산할 때 사용하는 나뭇가지예요. 더하고 빼는 개수만큼 산가지를 이동하면서 계산을 했죠. 계산 후 산가지를 세어 보면 답이 나와요. 이렇게 산가지를 세며 수를 헤아리는 모습을 '계산(計算)'이라는 한자로 표현한 거랍니다.

07

골백번

흑
흑
흑
이 몸이 죽고 죽어
골백번 고쳐 죽어
백골이 진토되어
넋이라도 있고 없고
임 향한 일편단심이야
가실 줄이 있으랴
-정몽주 <단심가>-

골백 = 10,000(골) **× 100**(백) **= 1,000,000**(백만)

이 몸이 죽고 죽어 골백번 고쳐 죽어 / 백골이 진토되어
넋이라도 있고 없고 / 임 향한 일편단심이야 가실 줄이 있으랴

고려 말 충신 정몽주의 〈단심가〉예요. 새 나라를 같이 열어 보자며 정몽주를 슬슬 꼬시는, 이방원의 〈하여가〉에 대한 답가였다고 하죠. 정몽주의 입장은 단호했어요. 당신이랑 같이 손잡는 일은 없을 테니 꿈 깨라고 딱 잘라 말했죠.

〈단심가〉에 '골백번'이라는 조금 낯선 말이 등장하네요. 한자 원문에는 일백 번이라고 되어 있는데, 뜻을 강조하려고 골백번이라고 해석한 거예요. 골백번은 몇 번일까요? '골'은 만(10,000)을 뜻하는 옛 우리말이에요. 골 뒤에 백이 붙었네요. 삼백은 3×100이듯이, 골백은 10,000×100=1,000,000이에요. 백만이죠. 그러니까 정몽주는 백만 번을 다시 죽더라도 당신이랑은 함께하지 않겠다고 말한 거였어요.

그래서일까요? 이방원은 더 이상 제안하지 않았어요. 불가능하다는 걸 알고 포기한 거예요. 그 결과 정몽주는 철퇴에 맞아 목숨을 잃고 말았어요. 대신에 지조 높은 신하라는 명성을 얻었죠. 그 명성은 백만 년이 흘러도 사라지지 않을 거예요.

08

곱빼기

사장님, 짜장면
'고기 빼기'로 해 주세요.
승 중국집

네, 알겠습니다.
짜장면

사장님! 짜장면에 고기가
잔뜩 들어 있네요.
빼 달라고 했는데….
네? 짜장면
'곱빼기'
아니었어요?

곱빼기 = 곱(곱하다) + 빼기(그런 특성이 있는 사람이나 물건)

배가 너무 고파 짜장면을 시킬 때, 곱빼기를 시킬지 말지 고민하곤 합니다. 곱빼기는 보통 몇천 원이 더 비싸요. 대신 배부르게 먹을 만큼 많은 양을 줍니다. 다 먹고 나면 볼록 튀어나온 배를 행복해하며 토닥토닥하게 돼요.

곱빼기의 '곱'은 '곱하기', '곱셈'할 때의 곱이에요. '어떤 수나 양을 두 번 합한 만큼'을 뜻해요. '2+2+2'처럼 반복해서 더하는 계산을 줄인 게 '2×3' 같은 곱셈이죠. 그렇다면 '빼기'는 뺄셈일까요? 아니랍니다. 빼기는 '코빼기'나 '얼룩빼기'라고 할 때의 빼기예요. '그런 특성이 있는 사람이나 물건'을 뜻하는 말이에요.

그래서 곱빼기는 보통 양보다 두 배 많은 양을 말해요. 국어사전에서도 곱빼기를 '두 그릇의 몫을 한 그릇에 담은 분량'이라고 풀어 놓았어요. 하지만 실제로는 일반적인 양의 1.5배 정도랍니다. 양이 많다는 느낌을 강조하고자 곱빼기라고 한 거예요.

09 공책

공책인 책이 인기를 끌었다는 뉴스 봤어?
공책인 책? 책인데 아무 내용이 없는 백지라는 거야?
응. 어느 정치인의 존경할 만한 점을 담은 책이래!
존경할 만한 게 하나도 없었다는 거야? 기발한데!

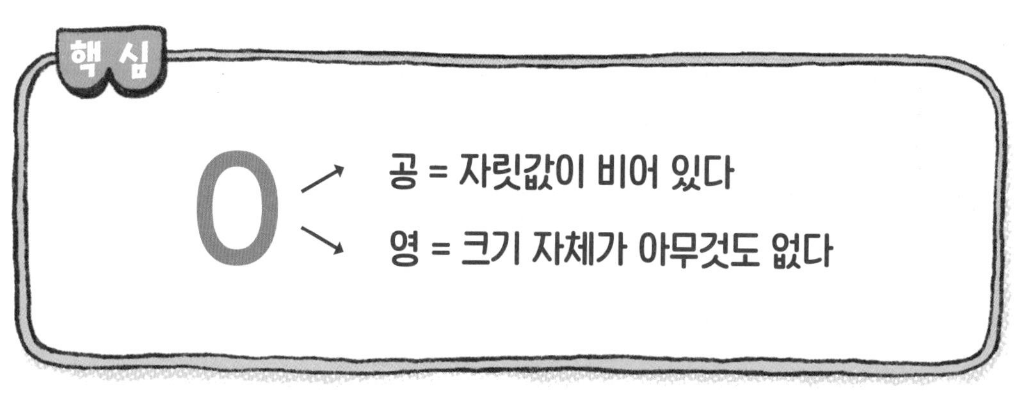

2020년에 이탈리아에서 나온 《살비니는 왜 신뢰, 존경, 찬양을 받을 만한가》라는 책은 110쪽 분량이었지만 아무것도 적히지 않은 공책이었어요. 신뢰하고 존경하고 찬양할 만한 게 하나도 없다는 뜻이었죠. 그런데도 베스트셀러에 올랐답니다. 책 쓰기 참 쉬웠겠어요.

공책은 내용이 비어 있는 책이에요. '공(空)'은 비어 있다는 뜻으로 숫자 '0'을 가리켜요. 핸드폰 번호의 '010'이나 첩보 영화로 유명한 영화 '007', 어떻게 읽나요? '공일공', '공공칠'이라고 읽죠. 그런데 0은 '영'이라고 부르기도 합니다. 공과 영에는 어떤 차이가 있을까요?

공은 '그 자릿값이 비어 있다'는 뜻이에요. 핸드폰 번호의 010은 세 자리인데 두 자리가 비어 있어요. 그래서 공이라고 읽어요. 반면에 영은 '크기 자체가 아무것도 없다'는 뜻일 때 사용해요. 축구 경기의 결과가 2:0일 때 0은 한 점도 얻지 못했다는 뜻이죠. 크기 자체가 아무것도 없다는 뜻이므로 영이라고 읽어요. '0.05' 같은 소수도 영이라고 읽죠. 공과 영을 딱 구분하는 게 쉽지 않아요.
그래서 마구 뒤섞여 불리고 있어요.

10

괄호

1번 문제를
계산해 볼래?

12+31×5니까···
167이네요.

167? 땡! 어떻게 167이
나왔을까?

아, (2+3)×5였군요.
제가 괄호를
숫자 1로 착각했네요.

[괄호의 종류]

소괄호( ), 중괄호{ }, 대괄호[ ] 등

괄호는 특정 부분을 하나로 묶어 주는 문장 부호예요. 괄호 안에 있는 글자나 숫자를 한 묶음으로 보라는 뜻이죠. 괄호에는 소괄호( ), 중괄호{ }, 대괄호[ ] 등이 있어요. 수학에서는 괄호가 아주 중요해요. 괄호를 무시하거나, 빼먹거나, 1로 착각하고 계산하면 답이 틀려 버려요.

괄호의 '호'는 원을 배울 때 등장하는 그 호예요. 호는 원 위의 두 점에 의해 만들어지는 원의 일부분이죠. 그 모양이 활과 비슷해서 '활 호(弧)'를 썼어요. 소괄호( )는 등을 맞댄 두 사람이 활을 잡아당기고 있는 모양 같지 않나요?

괄호는 수식에서 먼저 계산할 부분을 알려 줘요. 그래서 괄호에는 반드시 시작과 끝이 있어야 해요. 수학 문제에서 괄호가 나오면 항상 주의해 주세요. 활시위를 당기듯 말이에요.

11 구구단

NEWS
백제 시대 것으로 추정되는
구구단 기록이 확인되었습니다.

백제 시대!
백제 사람들도
구구단을 외웠다니?
4×4=16
4×5=20
4×6=24
2×3=6

2×0=0(0을 곱하면 0이 된다)

2×1=2(1을 곱하면 원래 수 그대로이다)

수학을 하려면 꼭 능수능란해져야 할 게 구구단이에요. 곱셈이나 나눗셈을 빠르고 정확하게 하려면 구구단을 외워 둬야 하죠. 2×1은 2, 2×2는 4, 2×3은 6….

구구단은 1부터 9까지의 수들이 만나 만들어지는 '곱셈표'예요. 그래서 '곱셈 구구단'이라고도 말해요. 구구단에 곱셈의 모든 경우가 있는 건 아니에요. 0단과 1단은 따로 외우지 않아도 돼요. 0을 곱하면 0이 되고, 1을 곱하면 그 수 그대로이기 때문에 특별히 외울 필요가 없거든요. 2단부터 9단에서도 0을 곱하는 경우는 제외했어요.

구구단은 생각보다 오래되었어요. 우리나라에서는 구구단으로 보이는 백제 시대의 기록이 발견되기도 했답니다. 동양과 서양을 가리지 않고 고대인들은 구구단이나 그와 비슷한 곱셈표를 활용했어요. 옛날에도 신속하고 정확한 계산이 필요했던 거죠. 역사가 깊은 구구단, 외울 때는 힘들어도 한번 외워 두면 평생 요긴하게 써먹을 수 있답니다!

X	1	2	3	4	5	6	7	8	9
1	1	2	3	4	5	6	7	8	9
2	2	4	6	8	10	12	14	16	18
3	3	6	9	12	15	18	21	24	27
4	4	8	12	16	20	24	28	32	36
5	5	10	15	20	25	30	35	40	45
6	6	12	18	24	30	36	42	48	54
7	7	14	21	28	35	42	49	56	63
8	8	16	24	32	40	48	56	64	72
9	9	18	27	36	45	54	63	72	81

12

근사하다

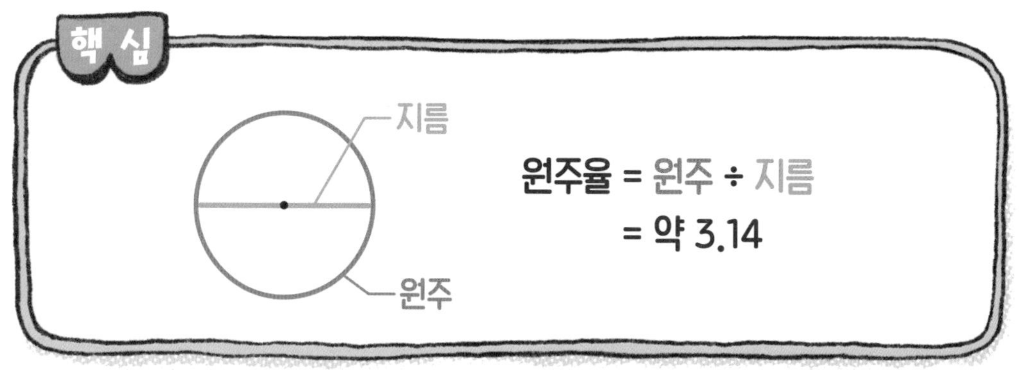

무언가가 아주 괜찮거나 멋질 때 '근사하다'고 해요. 그런데 근사는 '근삿값'의 근사랍니다. 가까울 근(近), 같을 사(似). '거의 같다'라는 뜻이에요. 그 근사가 지금은 멋지다는 말로도 쓰이고 있네요.

소나무 그림을 진짜같이 그려서 새들이 착각하고 그림에 부딪쳐 떨어졌다는 솔거(신라 시대의 화가) 이야기 들어 봤나요? 그림을 진짜같이 그리면 대단하다는 감탄사가 저절로 튀어나와요. 할머니의 음식 맛을 그대로 재현하거나 어떤 멜로디를 듣고 똑같이 연주하는 것처럼 원형을 닮는다는 건 참 멋지고 대단한 일이에요. 그래서 '근사하다'가 '멋지다'라는 뜻으로도 쓰이는 게 아닐까요?

수학에서의 근삿값도 감탄을 자아내게 한답니다. 수학은 오랜 시간 원주율의 값을 추적해 왔어요. 원주율은 원의 둘레(원주)를 원의 지름으로 나눈 값이에요. '파이(π)'라고도 하죠. 원주율은 약 3.14로 항상 일정해요. 2024년에는 컴퓨터를 활용해 원주율의 소수점 105조 자리까지 알아냈다고 해요. 참값에 가까운 근삿값을 계산하는 것 역시 대단한 일이에요. 이 또한 근사한 거죠. 근사해지고 싶다면 무언가를 제대로 닮아 가는 것부터 시작해 보면 어떨까요?

13

다르다/틀리다

너, 숙제에서 '1+1'을
'3'이라고 잘못
풀었더라.

선생님, 사람마다 생각이 다를 수 있지 않나요?

그래? '1+1=3'이
틀렸다는 게
내 생각이니까,
시험 볼 때
알아서 해라!

그때는 선생님의 생각을
존중하겠습니다.

$1 \neq 2$ [다르다] / $1+1=3$ (x) [틀리다]

많은 사람이 '다르다'와 '틀리다'를 잘못 사용해요. "제 생각은 다릅니다"라고 해야 하는데 "제 생각은 틀립니다"라고 하죠. 몰라서 틀리기도 하고, 알고 있어도 습관을 고치지 못해 틀리는 경우가 많아요.

'다르다'는 '두 대상이 같지 않다'는 뜻이에요. 1과 2는 같은 수가 아니므로 1과 2는 달라요. 나의 모습과 상대방의 모습이 다르고, 내 생각이 다른 사람의 생각과 다른 것처럼요. 서로 다른 두 대상 사이에는 부등호(≠)가 성립해요.

'틀리다'는 '계산이나 예측, 사실 따위가 맞지 않고 어긋나다'는 뜻이에요. 계산을 실수해서 답이 틀리고, 비가 온다던 일기 예보가 틀리는 것처럼요. O 또는 X 중에서 X입니다. 수학에서는 'false(틀린, 거짓된)'의 첫 글자를 따서 'F'라고 해요.

다름은 인정해 줘야 해요. 좋아하는 가수가 다르고, 사는 지역이 다르다고 해서 무시해서는 안 되겠죠. 하지만 틀린 것은 인정해 줄 수 없어요. 사실이 아닌 내용으로 사람들을 속일 수 있기 때문이죠.

14

대각선

대각선 횡단보도에는
코스가 6개 있잖아요?
네, 변 4개에 대각선이
2개니까요.
그 6가지 코스를
한 번씩만 지나고
다 돌 수 있을까요?
초록 신호일 때
제가 빨리 돌아 볼게요!

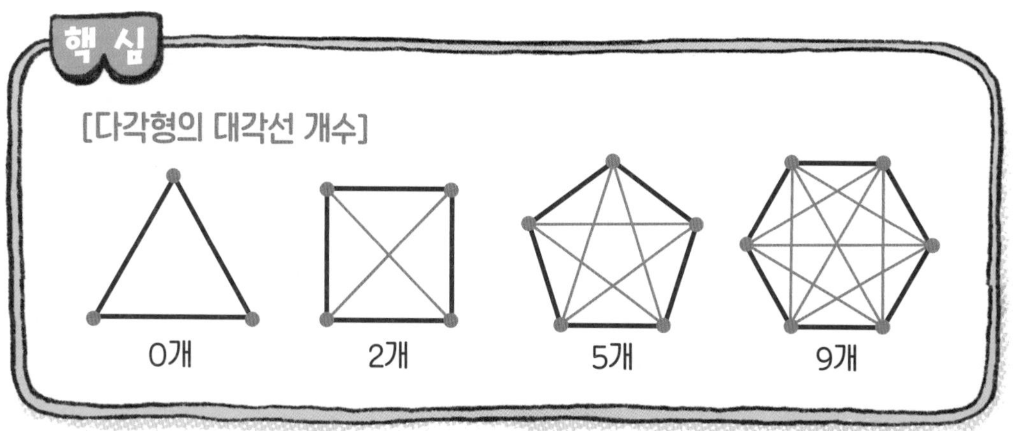

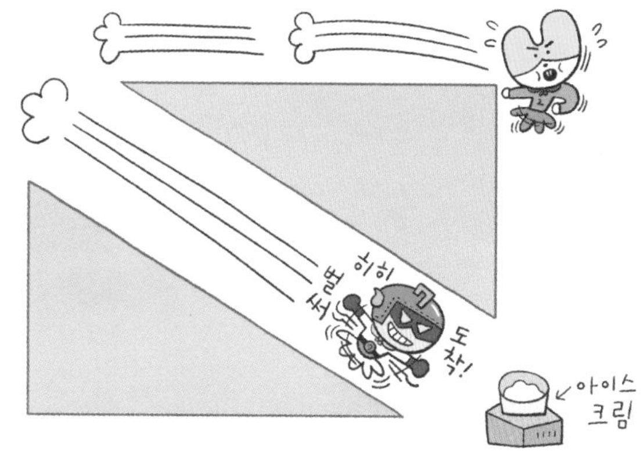

아무 방향으로나 건널 수 있는 대각선 횡단보도가 늘어나고 있어요. 어느 방향으로도 이동할 수 있어 보행자는 참 편리하죠.

대각선은 한자만 보면 마주 대하는(對 대할 대) 각(角 뿔 각)을 연결한 선(線 줄 선)이에요.

그런데 이러한 해석은 수학에서 봤을 때 정확하지 않아요. 선을 그을 때 두 각을 연결하는 게 아니라 두 점을 연결하는 것이기 때문이에요. 두 점이 딱 결정되어야 그 사이를 잇는 선도 결정되죠.

대각선의 수학적 정의는 '다각형에서 서로 이웃하지 아니하는 두 꼭짓점을 잇는 선분'이에요. 꼭짓점을 연결하는 선이되, 이웃하지 않는 꼭짓점이어야 해요. 그래야 대각선이 만들어지니까요. 대각선의 수학적 정의는 이렇다는 걸 알아 두세요. 대각선 횡단보도의 6가지 코스를 한 번씩만 지나면서 다 돌 수 있는 방법은 없다는 것도요. 한붓그리기가 가능한 규칙을 벗어나 있거든요.

15

듀스

대한민국 배구,
24 대 24로
'듀스'입니다!
와 와
자, 이제 2점을
연속으로 내야
하는데요.
아, 상대 팀의
잇따른 실책!
와
와
와
24 대 26,
대한민국의
승리입니다!
와
와
와
와

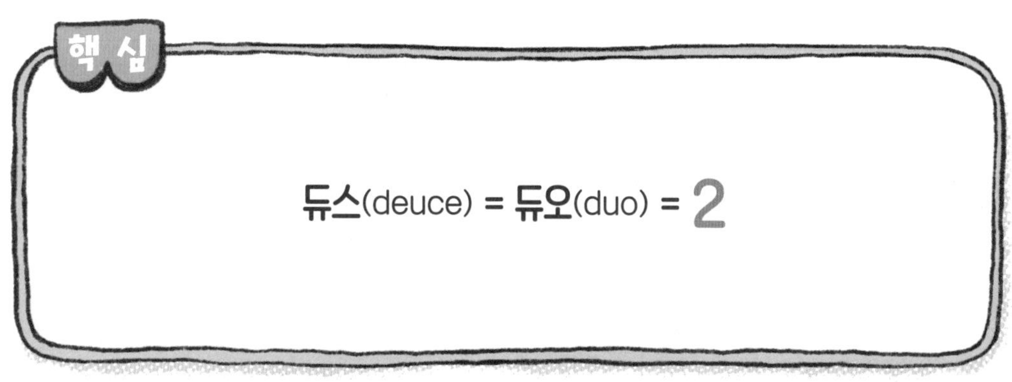

'듀스(deuce)'는 테니스나 탁구, 배구 같은 경기에서 사용되는 용어예요. 양 팀이 동점일 때, 두 점을 연속으로 따야 이기는 상황을 말해요. 예를 들어, 25점을 먼저 얻어야 하는 배구 경기에서는 24:24가 되면 듀스가 돼요. 이기려면 26:24로 만들어야 하죠. 만약 25:25로 동점이 된다면 27점을, 26:26이 된다면 28점을 얻어야 해요. 동점인 상황에서 한쪽이 연속으로 2점을 얻을 때까지 경기는 계속돼요. 그래서 1점 차이로도 승부가 나는 축구나 농구에서는 듀스라는 말을 쓰지 않아요.

듀스는 '듀오(duo)'라는 말에서 왔어요. 흔히 2인조 그룹을 듀오라고 하죠. 듀오는 2를 뜻하던 고대 서양 말이었어요. 그런데 왜 스포츠 경기에서 듀스라는 말이 쓰이는 걸까요? 듀스가 되면 몇 점을 연달아 득점해야 하나요? 2점이죠. 그 2점을 강조해 듀스라고 한 거예요. 그래서 주사위의 2, 2가 적힌 카드, 2달러 지폐도 듀스라고 부른답니다.

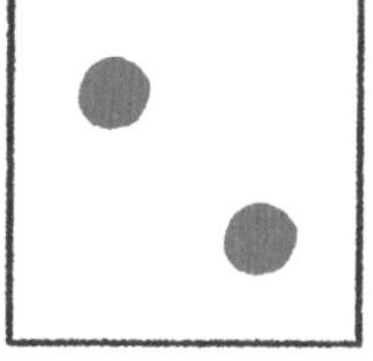

16

만무하다

제가 어느 나라에 여행을 갔는데, 그곳에서는 해가 서쪽에서 뜨던데요.
서쪽

에이! 거짓말
그럴 리가 없지.

정말이에요! 보여 드릴 수도 없고 참 답답하네요.

꿈나라였을 거야. 해가 서쪽에서 뜰 리가 만무해.

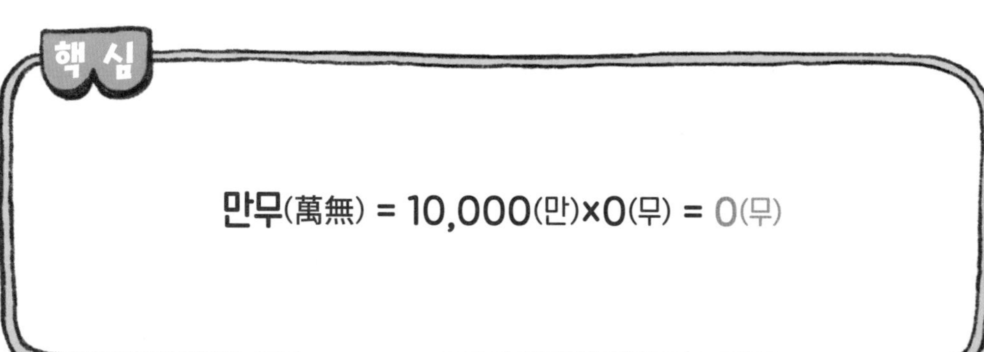

'만무하다'는 것은 '절대로 없다'는 뜻이에요. 만무의 한자는 일만 만(萬), 없을 무(無)입니다. '무(없음)×10,000'이니, 그런 경우는 절대로 없다고 만 번에 걸쳐 말하는 것이죠.

만화에서 친구가 '해가 서쪽에서 뜨는 것을 봤다'고 하네요. 거짓말하지 말라고 해도 정말이라고 자꾸 우깁니다. 비행기나 자동차를 타고 여기저기 막 다니면서 만 군데를 둘러봐도 해가 서쪽에서 뜨는 모습은 보지 못할 거예요. 그럴 때 우리는 '만 개나 되는 경우를 다 뒤져 봐도 그런 일은 없다!'는 뜻으로 '만무하다'고 합니다.

'만(萬)'은 단순히 10,000이 아니에요. '많다', '크다', '절대로'라는 뜻이 담겨 있어요. 그래서 '만'을 '모든' 또는 '전체'라는 뜻으로도 해석할 수 있어요. 세계 여러 나라의 국기를 '만국기', 모든 곳을 '만방', 돈만 있으면 무엇이든지 마음대로 할 수 있다는 생각을 '황금만능주의'라고 해요. '만'만 잘 쓰면 만사 오케이랍니다.

17

만일

'만일'은 '혹시 있을지도 모르는 뜻밖의 경우'를 말해요. '내가 만일 다른 사람의 마음을 읽어 낼 수 있다면', '내가 만일 얼굴 모양을 마음대로 바꿀 수 있다면'처럼 어떤 상황을 가정할 때 사용하죠. 하지만 그 상황이 일어날 가능성은 거의 없거나, 극히 낮아요.

만일은 순우리말 같지만 한자어예요. 일만 만(萬)에 하나 일(一), 그 일이 일어날 가능성이 만 번에 한 번 정도라는 거죠. 확률로 나타낸다면 0.0001이에요. 확률이 지극히 낮아 일어날 가능성이 거의 없다고 보면 돼요.

'만 번에 한 번'을 '모든 경우 중 한 번'으로 해석하면 그 뜻이 더욱 생생해져요. 이 우주에서는 무한히 많은 일이 일어나요. 친구랑 말다툼하기도 하고, 원숭이가 나무에서 떨어지기도 하고, 콧구멍을 파다가 피가 나기도 하죠. 그렇게 무한히 많은 사건 가운데서 딱 한 번 일어날 만큼 드문 경우가 '만일'이에요. 그만큼 애틋하고 간절한 염원이 담겨 있죠. 거의 안 될 걸 알지만 복권에 당첨되기를 간절히 바라는 것처럼요.

18 만점

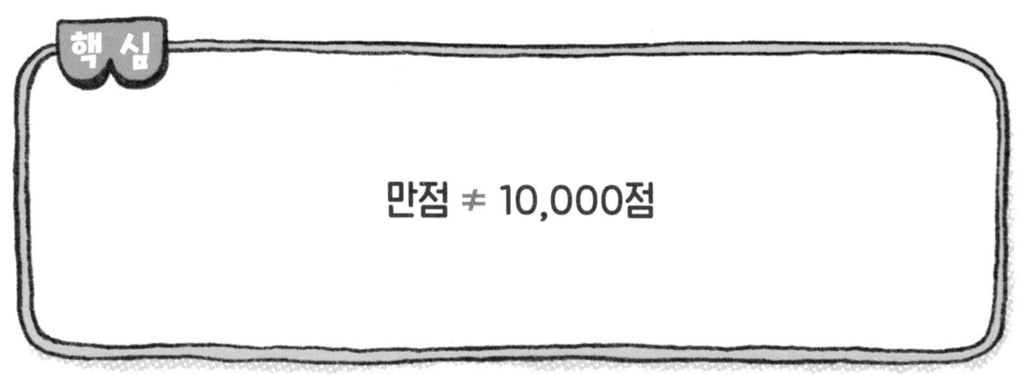

시험이나 테스트를 보고 나면 점수가 무척 궁금하죠. 그때 종종 듣게 되는 말이 '만점'이에요. 모든 문제를 다 맞히면 만점을 받았다고 해요. 점수를 아무리 합쳐도 10,000점이 안 되는데도 말이에요. 많은 사람이 만점의 '만'이 '일만 만(萬)'일 거라고 생각해요. 점수니까 당연히 숫자 10,000일 거라고 생각하는 거죠. 하지만 시험에 따라 만점의 점수는 달라져요. 100점 만점일 수도 있고, 10점 만점일 수도 있죠.

만점의 '만'은 일만 만(萬)이 아니라 찰 만(滿)이에요. 가득 차 있다는 의미예요. 만점을 받았다는 것은 받을 수 있는 점수를 전부 받았다는 거예요. '자신만만', '여유만만', '만장일치'라고 할 때의 '만' 역시 찰 만(滿)이랍니다.

19

모호하다

선생님, '모호하다'는 게
무슨 뜻이에요?
그건… 태도가…
행동이… 음…
뭐라고 해야 하나….
무슨 말씀인지
분명하지 않아요!
그래, 그게 바로 모호한 거야.
분명하지 않은 것!

모호 = 0.00000000000001의 크기

'모호하다'는 것은 말이나 태도가 분명하지 않아 흐리터분한 상태예요. 그래서 모호하게 말하면 주위 사람들이 분명하게 말하라고 아우성을 치죠.

그런데 모호의 원래 뜻은 딱 부러지게 분명했어요. 수로 표현될 수 있을 정도로 명확했죠. 모호는 불교에서 아주 작은 크기를 나타내는 하나의 단위였어요. 그 크기가 얼마였을까요? 0.000…01에서 소수점 이하 0의 개수가 48개나 되는 수의 크기였어요. 머리카락은 물론이고 원자보다도 훨씬 작은 크기예요. 나중에는 소수점 이하 0의 개수가 13개로 줄기는 했지만 그래도 어마어마하게 작은 건 마찬가지예요.

모호의 크기가 어느 정도인지 짐작이 되나요? 모호는 우리의 감각으로 가늠하기 어려운 크기예요. 부정확하고 불분명하게 짐작할 수밖에 없어요. 그래서 '모호하다'의 뜻이 말이나 태도가 분명하지 않은 상태가 된 게 아닐까요? 모호, 재미있습니다. 나타내는 크기는 분명한데, 그 뜻은 분명하지 않다는 거니까요.

20

무한

자연수는 끝이 없어요.
개수가 무한이에요.
12345678910 1112....
그럼 짝수는 몇 개예요?

짝수도 물론 무한히 많죠.
그럼 자연수의 개수와 짝수의 개수는 같은 거네요?

'무한'을 나타내는 수학 기호 = ∞

무언가를 누가 더 많이 갖고 있는지 다툴 때, 불리해질 만하면 무한이라고 하지 않나요? 자기는 돈이 무한하다는 식으로 과감하게 내지르죠. '무한'을 제일 큰 수 정도로 생각하는 사람이 많아요.

하지만 조금 다른 무한도 있어요. 금덩어리 1개를 갖고 있는데, 절반을 떼어 줄 거예요. 그리고 남은 것의 절반을 또 떼어 줘요. 그 과정을 계속 반복한다고 생각해 보세요. 그러면 내가 가진 금덩어리는 1에서 $\frac{1}{2}$로, $\frac{1}{4}$로, $\frac{1}{8}$…로 계속 줄어들어요. 계속 줄어들지만 절대 없어지지는 않아요. 무한하게 줄어드는 거죠. 무한이라고 해서 커지기만 하는 건 아니에요. 무한히 작아지는 경우도 있죠. 무한에도 종류가 다양해요. 그래서 무한 자체를 더 세밀하게 다루는 수학 분야도 있답니다.

'무한'의 한자는 없을 무(無)에 한계 한(限)으로, '수, 양, 공간, 시간 따위에 제한이나 한계가 없음'을 뜻해요. 자연수의 개수, 선분 안에 있는 점의 개수, $\frac{1}{2}$씩 줄어들 때 마지막에 남게 되는 크기 등을 알 수 있나요?

없어요. 그래서 무한을 '…'이나 경계 없이 빙빙 도는 '∞'으로 표시하는 거랍니다.

21 반말

야!
네 친구 동생이 나한테
야, 너라고 반말해.
기분 나쁘게 말이야.

반 말
걔는 나한테도 그래.
네가 이해해 주라.

너한테도?
왜 그러는
건데??

지금은 반말밖에 못 해.
높임말을 모르거든.

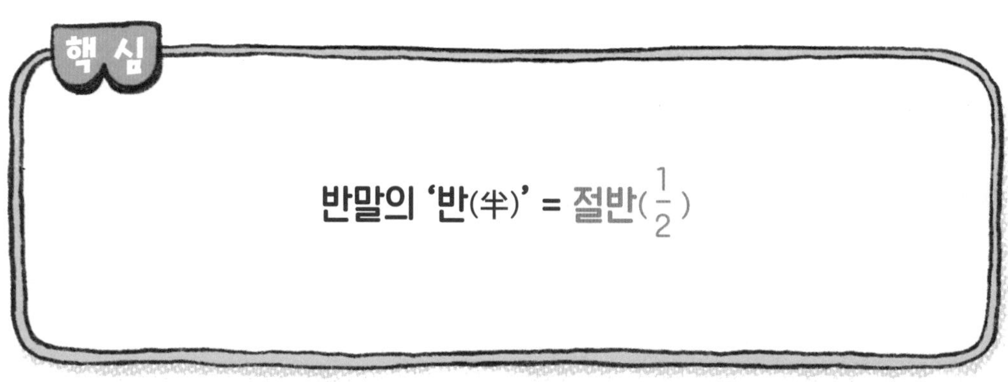

반말의 '반(半)' = 절반($\frac{1}{2}$)

동생이 '야', '너'라고 반말을 하면 기분이 나빠요. 그런데 반말의 기본 뜻은 '높이지도 낮추지도 아니하는 말'입니다. 또 '손아랫사람에게 하듯 낮추어 하는 말'이라는 뜻도 있어요.

반말의 '반'은 $\frac{1}{2}$ 이나 중간을 뜻하는 '반(半)'이에요. 알고 보면 '반말'이라는 말은 반말의 특징을 예리하게 표현하고 있어요.

'학교에 갔다'는 반말이에요. 높임말로 하면 '학교에 가셨습니다'가 돼요. 반말과 높임말을 비교해 보세요. 반말은 높임말에 비해 길이가 짧아요. 과장해서 말한다면 높임말의 절반 정도에 지나지 않아요. 반말에는 말의 길이가 짧다는 의미도 들어 있는 게 아닐까요? 그렇게 본다면 반말을 툭툭 내뱉는 사람에게 '너 말이 짧다'라고 말하는 게 단순한 우스갯소리는 아니네요.

22
분수를 알다

엄마!
저 신발 갖고 싶어요!
사 주시면 안 돼요?

초등학생이 신을 신발은
아닌 것 같구나. 자기
분수를 알아야지.

저도 분수는 잘 알아요!
분수 문제 정도는 거뜬히
풀거든요.

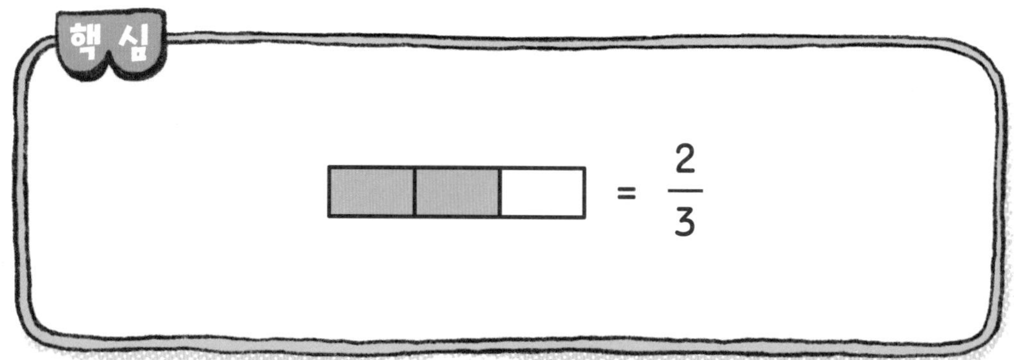

나이나 신분, 능력에 비해 너무 비싼 것을 원하는 경우, 분수를 알라는 말을 듣게 돼요. 여기에서 '분수'는 '사물을 분별하는 지혜' 또는 '자기 신분에 맞는 한도'를 뜻해요. 자기가 어디에 있는지를 정확히 아는 거죠.

그런데 '분수를 알다'의 '분수'는 $\frac{1}{2}$이나 $\frac{2}{3}$ 같은 분수와 한자가 같아요. 나눌 분(分), 셀 수(數). 우연의 일치일까요, 아니면 어떤 관계가 있는 걸까요? 역사적 기록은 없지만 우연은 아닌 것 같아요. $\frac{2}{3}$ 같은 분수를 아는 것이 자신의 처지를 아는 것과 크게 다르지 않기 때문이죠.

혼자서 피자를 먹다가 남았어요. 피자가 얼마나 남아 있냐고 친구가 전화로 물어요. $\frac{2}{3}$ 같은 분수가 없다면 '조금' 또는 '상당히 많이'처럼 애매모호하게 말해 줄 수밖에 없죠. 우리는 분수를 알기에 피자가 얼마나 남았는지를 $\frac{2}{3}$, $\frac{7}{8}$처럼 정확히 알려 줄 수 있어요.

이처럼 분수를 알면 모호한 크기를 정확히 표현할 수 있어요. 뿌연 안개처럼 모호하던 세계가 비 갠 후처럼 분명해지죠. 자신이 누구인지, 내가 어디에 있는지를 분명히 알게 되는 것과 같아요. 그것이 바로 자신의 분수를 아는 게 아닐까요?

23

빵점

너, 그 이상한 시험
본다는 이야기 들었어?

빵점 맞는 사람이 1등을
차지한다는 그 시험?

응.
그게 말이 돼?
어떻게 빵점이
1등이야?
말은 돼. 빵점 맞으려면 오답이 뭔지 정확히
알아야 하잖아. 실력이 있어야 하거든.

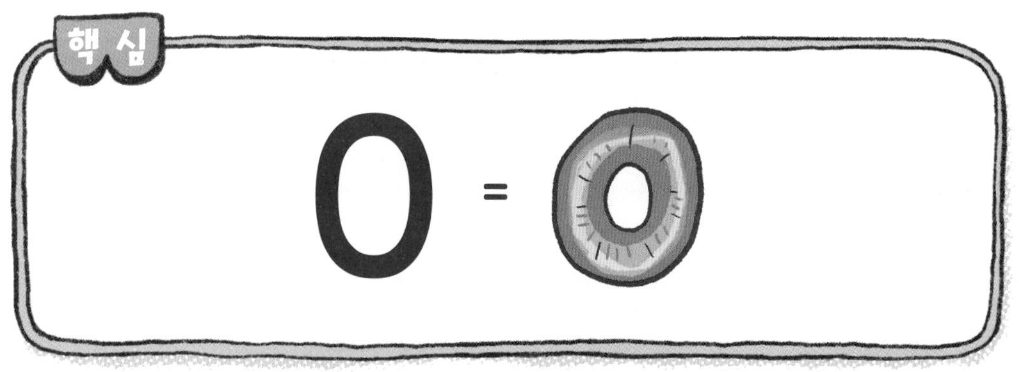

0점을 다소 비꼬는 투로 말할 때 '빵점'이라고 하죠? 빵이라는 발음이 묘한 쾌감과 불편한 마음을 동시에 불러일으켜요. 빵점을 받으면 최악이죠. 비속어처럼 보이는 빵점은 사실 표준어랍니다. 빵점은 0점이지만, 빵이라는 말에 0이라는 뜻은 없어요. 0은 '영' 아니면 '공'이죠. 그런데 0점을 왜 빵점이라고 할까요?

빵점의 빵을 보면 먹는 빵이 떠오르지 않나요? 그런데 실제로 빵점의 빵과 먹는 빵이 관련이 있다고 해요. 16세기경에 빵을 뜻하는 포르투갈어 'pão(팡)'이 일본에 전해져 'パン(팡)'이 됐고, 그 말이 우리나라에도 들어왔어요. 사람들은 동그란 빵 모양을 보고 동그란 숫자 '0'도 종종 '빵'이라고 부르게 되었지요.

영어에서도 0점을 빵점처럼 부르는 경우가 있어요. 테니스에서는 한 세트를 6대 0으로 이기면 '베이글 스코어', 두 세트를 6대 0으로 이기면 '더블 베이글 스코어'라고 해요. 0점을 빵의 한 종류인 베이글로 표현한 거예요. 베이글이 0과 비슷한 모양이기 때문이겠죠. 우리, 빵은 먹어도 빵점은 먹지 않도록 해요!

24 사면초가

여기도 초가집, 저기도 초가집이네요!

민속촌이니까 당연한 거 아니겠어?

전후 좌우
4면이 모두
초가집 이어서...

'사면초가'라고 하는 거군요!
네 앞날이 사면초가일 것 같구나.

사면초가 = 4(四 넉 사)**개의 면**(面 얼굴 면)**에서 들려오는 초**(楚 초나라 초)**나라의 노래**(歌 노래 가)

사면초가는 '4면이 초가집'이라는 뜻이 아니에요. '아무에게도 도움을 받지 못하는, 외롭고 곤란한 지경에 빠진 형편'을 뜻해요. 궁지에 몰린 쥐처럼 빠져나갈 틈이 전혀 없는 상황이죠. 이 말은 중국의 옛날이야기에서 만들어졌어요.

초나라의 항우와 한나라의 유방이 전쟁할 때의 이야기예요. 한나라 군사들이 초나라 군사들을 빙 둘러 에워싸고 있었어요. 그런데 갑자기 한나라 군사들 쪽에서 초나라의 노래가 들려왔어요. 한나라가 포로로 잡은 초나라 군사들에게 고향의 노래를 부르게 한 것이었죠. 노랫소리를 들은 초나라 군사들은 많은 동료가 이미 항복한 줄 알고 사기가 꺾여 결국 전투에서 패했다고 해요.

사면초가란 '4개의 면에서 들려오는 초나라의 노래'라는 뜻이에요. 초나라의 노랫소리가 들려왔던 모든 방향을 '사면(四面)'으로 표현했어요. 면은 입체도형을 둘러싸고 있는 그 '면'이에요.

25

삼십육계 줄행랑

야!
상대 팀이
생각보다 강한걸!

그러게. 우리 팀이
죽게 생겼어.

어쩔 수 없다! 이럴 때는
삼십육계 줄행랑이 최고야!
전원

팟!
앗!
그럴까?
컴퓨터 끄고 게임
그만하지 뭐.

삼십육계= 36번째 전략

영화나 드라마에서 17 대 1로 싸우게 된 인물이 종종 보여 주는 장면이 있죠. 진지하게 싸울 것처럼 굴다가 "삼십육계 줄행랑이 최고지" 하면서 잽싸게 도망을 가 버려요. 웃음을 주는 장면이죠. 사실 '삽십육계 줄행랑'은 전쟁 전략을 소개하는 책에 나온 하나의 전략이랍니다.

중국에는 《삼십육계》라는 병법서(전쟁하는 방법에 관한 책)가 있어요. 6가지의 상황이 나오고, 각 상황에서 쓸 수 있는 전략을 6가지씩 소개해 줘요. 6(6가지 상황)×6(6가지 전략)은 36, 총 36가지 전략이 담겨 있죠. 그중 6번째 상황이 지고 있을 때 써먹을 수 있는 전략인 '패전계'예요. 패전계의 마지막, 즉 36번째 전략이 바로 '강적을 만났을 때는 줄행랑을 쳐라'입니다. 불리한 전투에서 굳이 싸우려 하지 말고 도망가라는 거죠. 나중의 승리를 위해 우선 살고 봐야 하니까요. 자존심이 상하기는 해도 아주 현명한 작전이랍니다.

26

시선

너, 왜 자꾸
내 시선을 피해?

피하기는 누가
피했다고 그래.
다 의식하고
있다고….

그래?
근데 왜 눈을
마주치지 않아?
네 시선이 너무
따가워서 그런 거야.

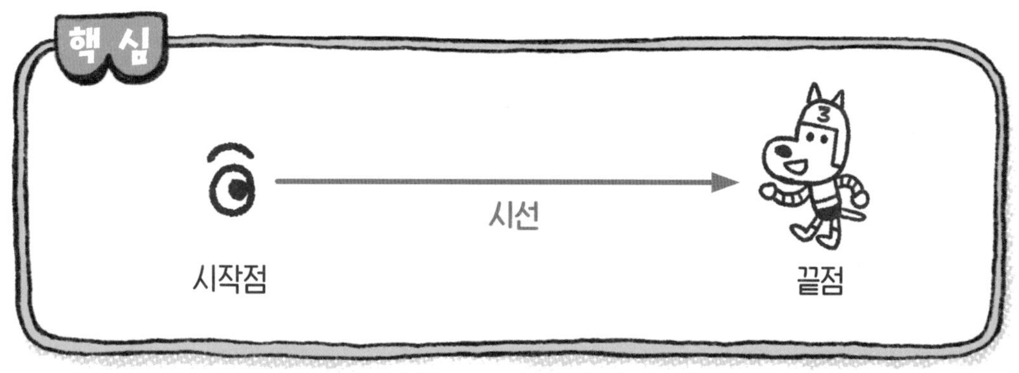

'시선'은 '눈이 가는 길' 또는 '눈의 방향'을 뜻해요. 시선은 대충 두루뭉술하게 쳐다보는 것이 아니에요. 누가 어디를 보는지가 아주 명확해서 그 시작점과 끝점을 정확히 말할 수 있을 정도죠. 자기 눈이 시작점이고, 바라보는 대상이 끝점이에요. 그 시작점과 끝점을 연결해 놓은 선이 시선이랍니다. 시선의 '선'은 도형에서 점, 선, 면 할 때의 바로 그 '선'이에요.

누군가의 시선을 받으면 참 따가워요. 그래서 시선을 피하게 되죠. 시선이 엇갈려 마주치지 않게 되는 거예요. 서로 다른 두 선이 일치하는 게 쉽지 않듯이, 누군가의 시선을 마주하는 것도 쉽지 않아요. 특별한 일이 있거나, 특별한 사람일 경우에만 시선을 마주하죠.

어떤 시점에서 본 물체의 형태를 평면상에 나타낸 그림을 '투시도'라고 해요. 시선이 멀리 있는 한 점으로 모인다고 생각하며 그림을 그리는 거예요. 그러면 그림이 실제처럼 생생하고 안정감 있게 보인답니다.

27 십분

상대가 꽤 강해 보이는데,
이길 수 있을까요?
네 실력을
십분 발휘하면
가능할 거야.
한번 해 보자.

코치님, 경기 시간은 10분이
아니라 15분인데요?
15

가진 실력을 십분,
즉 100% 발휘해 보라는
말이다!
15

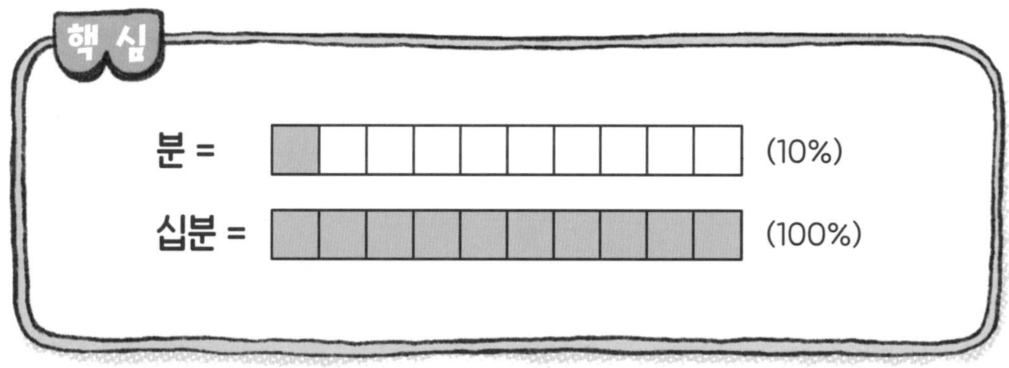

십분은 '아주 충분히'라는 뜻이에요. 실력을 십분 발휘한다는 것은 가진 실력을 아주 충분히 다 보여 주는 거예요. 한자로는 열 십(十), 나눌 분(分)이죠. '분'은 고대 중국에서 $\frac{1}{10}$의 크기를 나타내던 단위였어요.

분($\frac{1}{10}$)을 퍼센트로 하면 10%예요. 십분은 분이 10개 있다는 뜻이에요. '10%×10'은 100%죠.

'분'으로 일정한 크기를 나타내는 말은 십분 말고도 더 있어요. '다분(多分)하다'는 것은 $\frac{1}{10}$ 크기가 많다는 것으로, '그 비율이 어느 정도 많다'는 뜻이에요. '충분(充分)하다'는 건, $\frac{1}{10}$짜리가 가득한 상태이므로 '넉넉하다'는 뜻이고요. '분'을 잘 이해하면 십분도 다분도 충분히 이해할 수 있어요.

28

십상

너 아까 어떤 여자애랑 어깨동무하고
걸어가더라. 내가 봤지!

엄마, 그 애
남자야. 머리가
긴 남자.

어머, 그랬어? 여자애라고
생각하기 십상이겠더라.
요즘에는
머리 긴 남자도
많아!

그렇구나. 머리가 길면
여자라는 건 편견이었네.

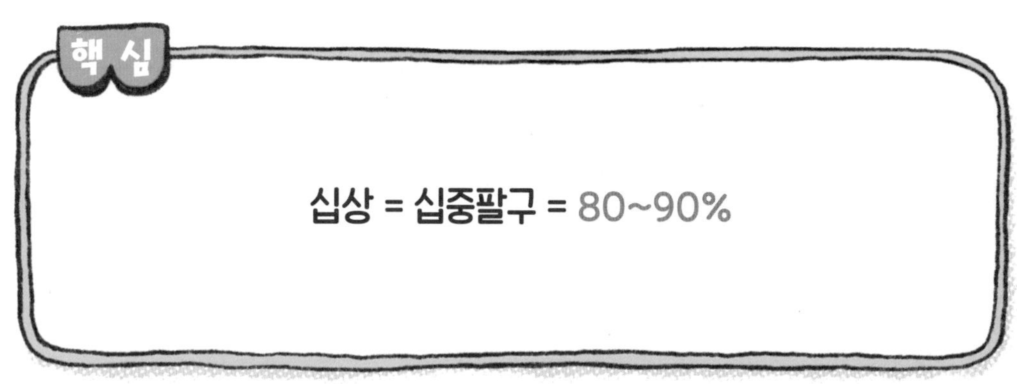

'십상'은 거의 예외가 없다는 뜻이에요. 예외가 전혀 없는 것은 아니고, 조금은 있는 상태예요. 그러면 예외가 어느 정도나 있는 상태일까요?

십상은 '십상팔구(十常八九)'의 줄임말이에요. 잘 들어 보지 못한 말일 거예요. 하지만 십중팔구(十中八九)라는 말은 자주 들어 봤을 거예요. 십상팔구는 십중팔구와 뜻이 같아요. 열 중 여덟이나 아홉이죠. 80~90%이니 꽤 높은 비중이에요. 그래서 십중팔구, 십상팔구, 십상은 '거의 그렇다'는 뜻으로 사용돼요.

십상의 뜻을 보통은 대충 짐작하기 십상이에요. 이제는 '십상'하면 십중팔구를 떠올려 보세요. 그러면 그 뜻을 완벽하게 이해할 수 있답니다.

29 양수/음수

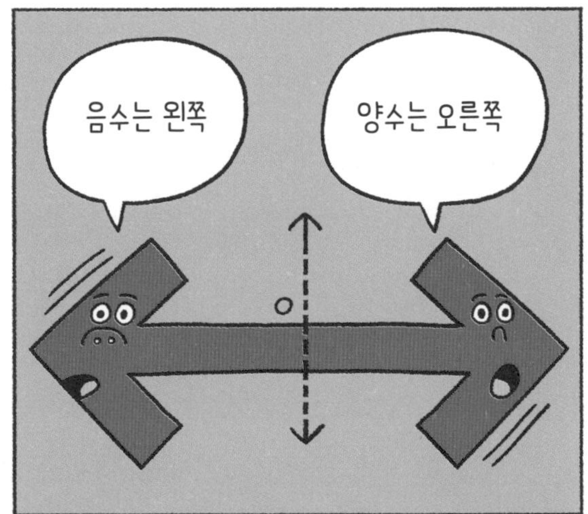

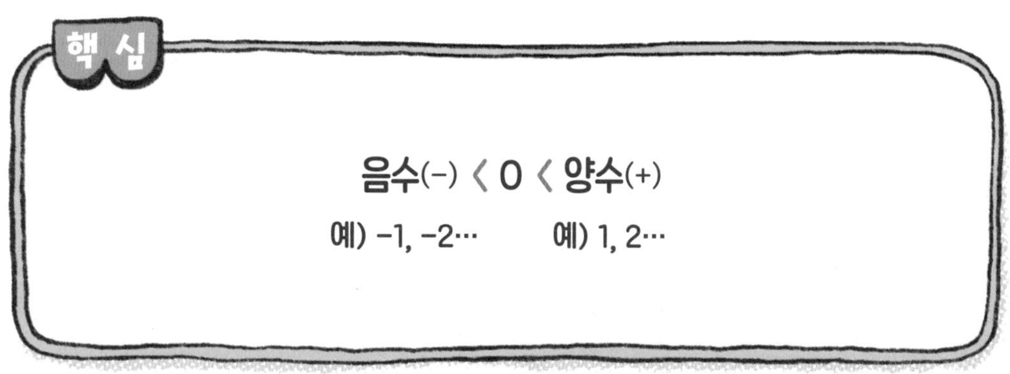

양수는 0보다 큰 수이고 음수는 0보다 작은 수예요. 음수에는 음의 기호 -를 붙여요. 두 수의 성질이 반대라는 걸 반대되는 뜻을 가진 한자, 양(陽)과 음(陰)으로 표현했어요. 양수와 음수가 한자어라 중국에서 만들어진 말 같지만 그렇지 않아요. 1955년 우리나라에서 만들어져, 우리나라에서만 사용되고 있는 말이랍니다. 중국이나 일본에서는 양수를 정수(正數), 음수를 부수(負數)라고 해요.

우리나라는 왜 정수와 부수라는 말을 쓰지 않고 양수와 음수라는 말을 만들었을까요? 그건 다른 뜻의 정수라는 말이 이미 있었기 때문이에요. 1, 2, 3⋯과 같은 자연수와 0, 그리고 자연수에 음의 기호(-)를 붙인 수를 통틀어 정수(整數)라고 하는데, 이 말과 발음이 똑같았거든요. 그래서 새롭게 만들어 낸 말이 양수와 음수였어요. 음과 양, 즉 '음양'은 옛날부터 서로 반대되는 두 가지 기운을 뜻했어요. 양수와 음수는 반대되는 성질을 가진 두 수의 특성을 잘 표현해 주는 훌륭한 말이에요.

30

오점

너, 오늘 패션이 아주 멋지다?

할머니 생신이니까 특별히 신경을 좀 썼거든요.

어, 근데 슬리퍼를 신었어? 슬리퍼가 오점을 남기네.

그럼 오늘 패션은 95점이네요? 5점이 빠지니까.

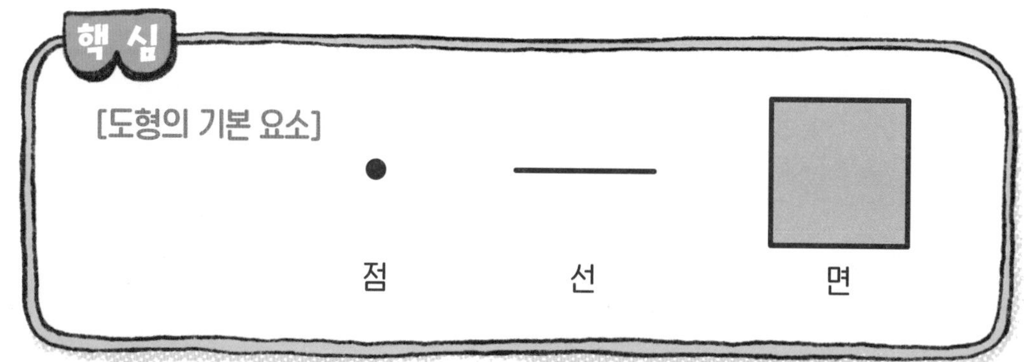

'오점(汚點)'은 더러운 점 혹은 명예롭지 못한 흠이나 결점이라는 뜻이에요. 보통 '오점을 남겼다'고 말하죠. 다른 건 다 좋았는데, 딱 하나 결점이 생겼을 때 그렇게 말해요.

오점의 '점'은 점, 선, 면 할 때의 그 점이에요. 그저 톡 하고 찍는 점이죠. 그래서 점처럼 아주 작은 실수나 흠결을 뜻해요.

오점은 '옥에 티'라는 말을 떠오르게 해요. 크기로 보자면 아주 작지만, 그래서 더 눈에 띄고 안타깝게 느껴지죠. 그 오점만 없었다면 완벽한 거니까요.

31

요점

지문이 왜 이렇게 길어요? 다 읽지도 못하겠어요.

그러니까 요점을 딱 파악해야죠.

엄청나게 긴데, 어떻게 요점을 파악해요?
지문에서 덜 중요한 부분을 지워 보세요. 끝까지 남아 있는 게 요점이에요.

요점은 '가장 중요하고 중심이 되는 사실이나 관점'이에요. 다른 건 놓치더라도 요점만 안 놓치면 되는 거죠. 그 요점이 핵심이니까요. 무슨 일을 하든지 요점을 정확히 파악하면 일을 제대로 처리할 수 있어요.

요점(要點)의 한자는 요약할 요(要), 점 점(點)이에요. 요약해서 점으로 만들거나 점으로 요약한다는 뜻이죠. 사람을 그린다고 해 보세요. 머리털, 눈, 이마, 콧구멍, 엉덩이, 발톱 등 그릴 게 많아요. 하지만 요약하면 머리와 얼굴, 몸통, 팔다리 정도로 그릴 수 있어요. 더 요약하고 싶다고요? 동그란 머리와 길쭉한 몸통이면 돼요. 더 요약하면요? 길쭉한 타원을 거쳐 결국 점이 되어 버릴 거예요.

점을 더 요약할 수는 없어요. 점마저 없앤다면 아무런 자취나 흔적도 남지 않으니까요. 점은 어떤 대상을 요약할 수 있는 마지막 단계예요. 더 이상 떼어낼 게 없는, 반드시 남겨 두어야 할 핵심이죠. 요점도 그렇답니다.

32

원만하다

생일 때 보니까
친구들이 참
다양하더라.
네

제가 두루두루
잘 지내거든요.

성품이 둥글둥글하니
참 원만한가
보구나.

아니요. 원래 삼각형이었는데
닳고 닳아서 둥글어져 버렸어요!
…

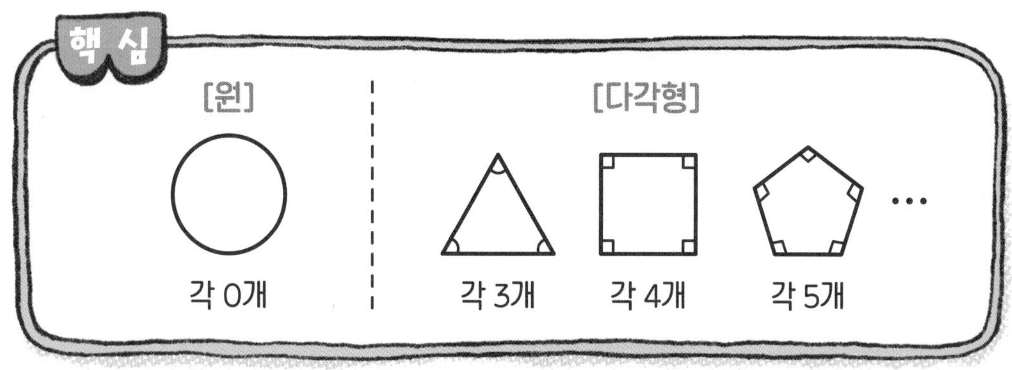

'원만하다'는 것은 성격이 모난 데가 없이 부드럽고 너그럽다는 뜻이에요. 어떤 일이 예상대로 순조롭게 진행될 때도 원만하다고 말해요. 두 사람의 사이가 다툼이 없이 좋을 때는 관계가 원만하다고 하죠. 이렇게 '원만하다'는 긍정적인 의미로 쓰여요.

원만(圓滿)의 한자는 둥글 원(圓), 찰 만(滿)이에요. 둥글둥글한 것들로 가득 차 있거나 완전히 둥그런 상태라고 할 수 있죠. 둥그런 원에는 각이 하나도 없어요. 모난 곳이 하나도 없어서 만지고 껴안고 함께 놀기에 좋아요. 그래서 성격이 둥글둥글한 사람에게는 다른 사람들도 기꺼이 다가가요. 또 원은 잘 굴러가요. 둥그런 자동차의 바퀴가 부드럽게 굴러가듯이, 일의 진행이 순조로워요. '원만하다'라는 단어에 원의 특징이 그대로 담겨 있네요.

33 이모저모

엄마, 나 이 자전거
사고 싶어. 제일 멋져.

인터넷 사진만 보고?
가서 직접 봐야지.

안 그래도 돼.
이곳은 자전거를 3D로
보여 주거든.
3D

와,
진짜네. 돌려 보면서 이모저모를
다 볼 수 있구나!

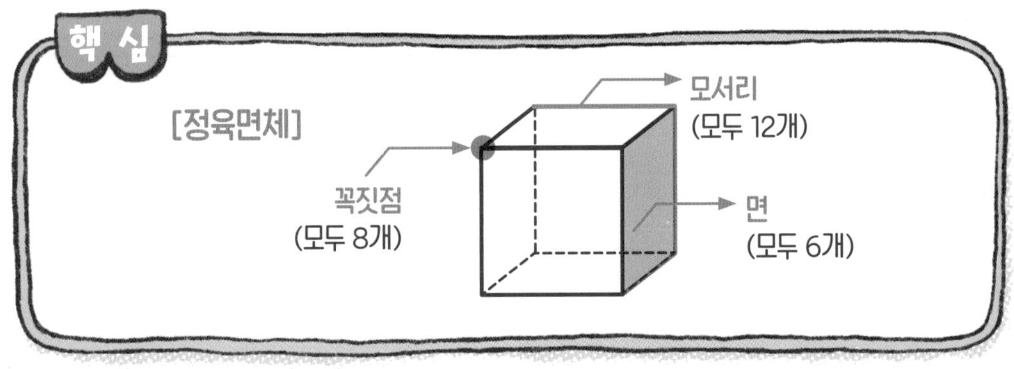

'이모저모'는 사물의 이런 면과 저런 면이에요. 사물의 갖가지 면을 말하죠. 조금 더 앙증맞은 표현으로 '요모조모'도 있어요.

이모저모는 '이쪽 모 저쪽 모'라는 뜻이에요. '모'가 뭘까요? '모'는 공간의 구석이나 모퉁이를 말해요. 사물의 선과 선, 면과 면이 만나는 부분이죠. 입체도형에서 꼭짓점과 모서리에 해당해요. 어떤 사물의 이모저모를 살펴본다는 건, 이쪽저쪽 꼭짓점과 모서리까지 여러 곳을 꼼꼼히 살펴본다는 뜻이에요.

34

자정

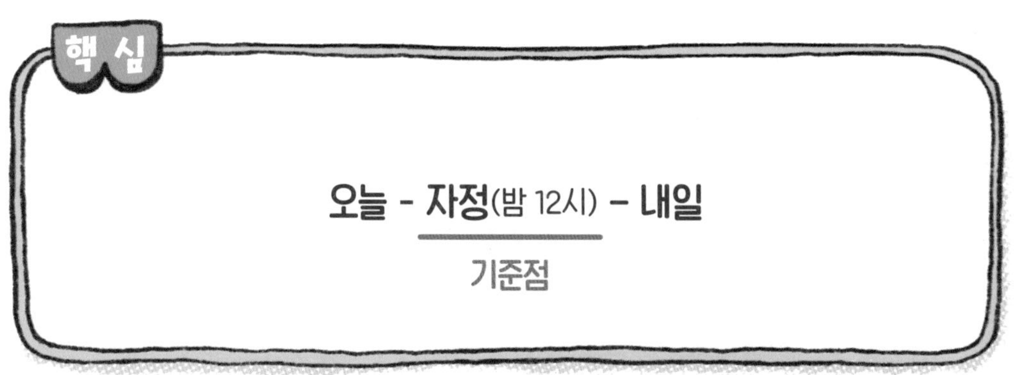

옛날이야기나 공포 영화에서는 밤 12시가 되면 사건이 벌어지곤 해요. 신데렐라의 마법도 밤 12시가 되면 풀리죠. 왜 이러한 설정이 자주 등장할까요? 밤 12시 즉, 자정이 되면 날짜가 바뀌어요. 변화가 일어나죠. 그래서 밤 12시가 어떤 변화를 일으키는 때로 자주 활용되는 거랍니다.

옛날 우리 선조들은 하루를 12개의 시로 나눴어요. 자시(23시~1시), 축시(1시~3시), 인시(3시~5시), 묘시(5시~7시), 진시(7시~9시), 사시(9시~11시), 오시(11시~13시), 미시(13시~15시), 신시(15시~17시), 유시(17시~19시), 술시(19시~21시), 해시(21시~23시). 이때의 1시는 지금의 2시간에 해당했어요.

자정(子正)의 '정(正)'은 '한가운데'를 뜻해요. 자정은 자시(23시~1시)의 한가운데니까 밤 12시예요. 자시의 한가운데를 지나는 순간, 날이 바뀌면서 새로운 변화가 일어나요.

35 작다/적다

아빠, 우리나라는 땅덩어리가 너무 작지 않아요?
땅덩어리는 작지만 강한 나라잖아. 작은 고추가 맵다!
우리나라는 인구도 너무 적어요!
인구는 적지만 일당백이잖아. 똑똑한 사람도 많고, 뛰어난 재주를 가진 사람도 많고!

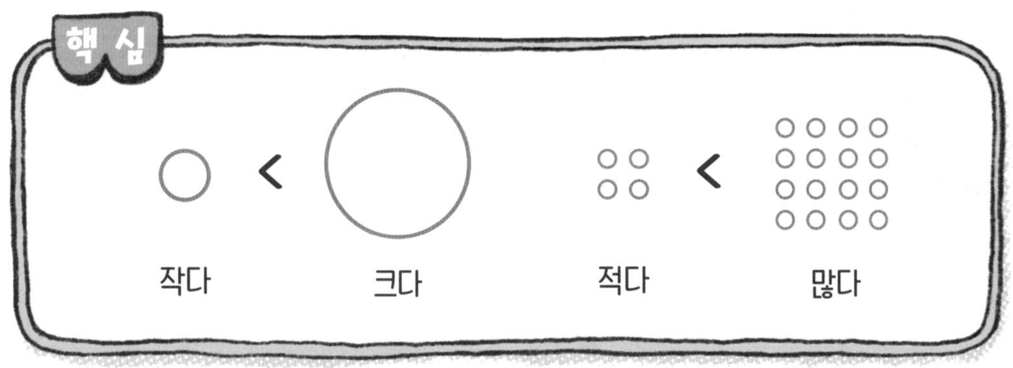

'작다'와 '적다', 둘 다 어떤 기준에 못 미친다는 뜻이에요. 일상에서 자주 쓰는 말이죠. 하지만 잘못 사용하는 경우가 많아요. 두 단어가 어떻게 다른지 정확히 이해하지 못했기 때문이죠.

'작다'는 '크기'와 관련되어 있어요. 전체적인 크기가 어떤 기준에 못 미치는 거예요. 이때 전체는 통으로 하나여서 부분으로 나눠지지 않아요. 도시의 전체 넓이가 일정한 기준에 못 미치면 도시가 작다고 해요. 작은 고추는 전체의 길이나 부피가 평균에 못 미치는 고추예요.

'적다'는 '개수'에 대한 표현이에요. 낱낱의 요소가 모여 전체가 돼요. 사람 수나 돈의 액수는 하나하나 세어 볼 수 있어요. 그래서 사람이 적고, 돈이 적다고 말해요.

작다/크다 → 전체가 통으로 하나여서 부분으로 나눠지지 않는 크기

적다/많다 → 전체가 부분으로 쪼개져 개수를 셀 수 있는 크기

36

장점/단점

너의 장점은
뭐냐?

나의 단점을 모른다는 거지.
그래서 열등감이 없어.

그럼 너의 단점은
뭐야?

나의 장점을 모른다는 거야.
그래서 자신감이
좀 부족해.

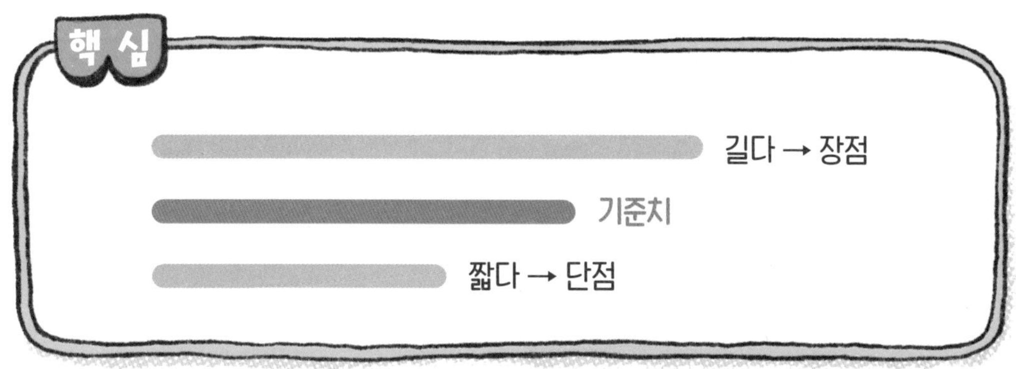

'장점'은 좋거나 잘하거나 긍정적인 점이고, '단점'은 잘못되고 모자라는 점이에요. 그런데 장점(長點)의 '장'은 길 장(長)이고, 단점(短點)의 '단'은 짧을 단(短)이에요. 한자 그대로 보면 장점은 긴 것이고, 단점은 짧은 것이네요. 왜 이렇게 표현한 걸까요?

보통 키가 큰 걸 더 좋아하나요, 작은 걸 더 좋아하나요? 돈이 많은 걸 더 좋아하나요, 적은 걸 더 좋아하나요? 우리는 보통 키는 크고 돈은 많은 걸 좋아해요. 어떤 평균적인 기준치보다 크거나 많으면 유리한 경우가 많기 때문이죠. 그래서 평균적인 기준치보다 길면 좋다고 보고 장점이라 하고, 반대로 짧으면 좋지 않다고 보고 단점이라고 한 거 아닐까요?

장점과 단점이란 말은 어떤 것의 길고 짧음 또는 많고 적음이 얼마나 중요했는가를 잘 보여 줘요. 그래서 크기 비교에 사용하는 말을 좋은 점과 안 좋은 점을 뜻하는 말로 사용한 거죠. 나의 장점과 단점을 찾기 어렵다면 내가 가진 것 중에서 무엇이 길고 많은지를 살펴봐야겠습니다.

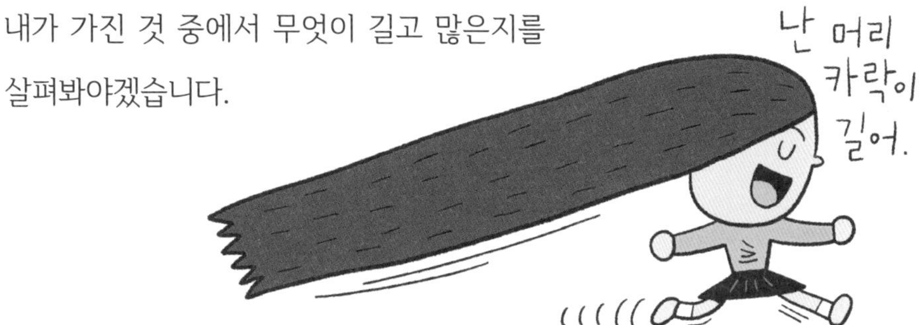

37 점수

아들아, 점수가 어떻게 돼?

한국 농구팀이 50 점이나 얻었어요.

그거 말고.
저번에 너 시험 봤잖아.
그 점수 말이야.

그것도 50 점이나 얻었는데요.
...

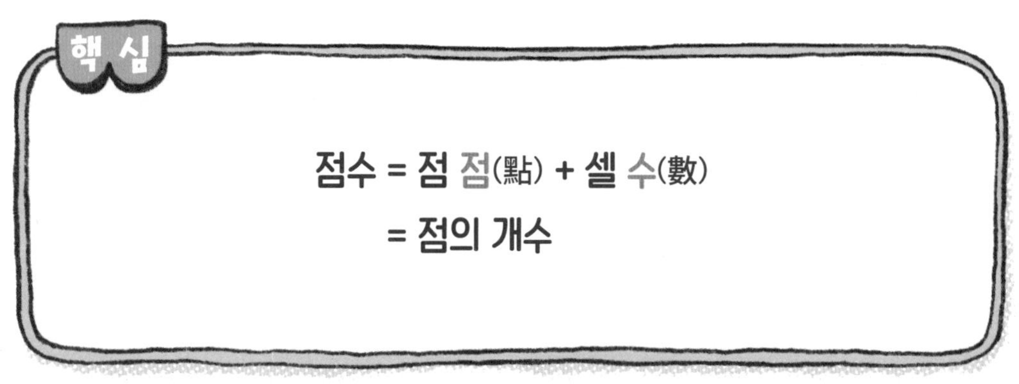

살아가면서 민감한 것 중 하나가 '점수' 아닐까요? 시험 점수, 맛집이나 영화의 평점, 축구나 야구 같은 스포츠에서의 득점 등은 우리를 웃고 울게 만듭니다.

점수는 '성적을 나타내는 숫자'라는 뜻인데, 원래 뜻은 '점의 개수'랍니다. 점이 몇 개인가를 나타내는 수가 바로 점수예요. 인류가 수를 세기 시작했을 때, 세고자 하는 대상의 개수를 돌멩이나 점, 선 등으로 표시했어요. 점의 개수가 그 대상의 크기를 나타냈죠. 요즘도 야구 경기에서는 득점을 점으로 표현합니다. 점의 총개수가 팀이 얻은 성적이에요.

38

점심

얘야, 점심은 먹고
시험공부하는 거냐?
열
중

공부할 게 많아서
점심 못 먹어요.
열
중

계란프라이라도 먹으렴.
허기는 달래야지.

그렇게만 먹으면
배가 더 고파진단 말이에요!

핵심

점심(點心) = 점 점(點) + 마음 심(心)

= 마음에 점을 찍는 정도로 허기만 달래는 간단한 식사

점심의 한자가 뜻밖이에요. 점 점(點)에 마음 심(心)으로, 마음에 점을 찍는다는 뜻이에요. 밥이나 음식과 완전히 무관해 보여요.

요즘은 삼시 세끼가 일반적이지만 불과 200여 년 전만 하더라도 점심은 일반적인 끼니가 아니었어요. 18세기 조선의 학자 이덕무는 당시 우리나라 사람들이 아침 저녁 2식을 먹는다고 기록했어요. 19세기 실학자인 이규경도 해가 긴 2월부터 8월까지 7달 동안만 점심을 먹고, 나머지 기간에는 점심을 안 먹었다고 했고요.

원래 점심은 허기만 가시라고 먹는 최소한의 식사였어요. 그래서 '점'으로 표현한 거예요. 점은 가장 작은 도형이니까, 점심의 의도와 점의 특성이 딱 맞아떨어진 거죠. 영어로 점심을 뜻하는 'lunch(런치)'는 스페인어 'lonja(롱하)'에서 유래되었는데, 얇게 저민 고기 한 조각을 뜻해요. lunch 역시 간단한 식사였던 거죠.

요새는 점심이 제대로 먹는 식사인 경우가 많아요. 충분히 먹는 식사라면 '점'보다는 '면'이 더 적당하지 않을까요? 면이 점보다 훨씬 넓고 크잖아요. 그렇게 본다면 '점심'을 먹자고 할 게 아니라 '면심'을 먹자고 해야 할 것 같네요.

39

제곱

이 책 아니?
어휘력이 제곱으로
늘어나는 책이란다.

무슨 책
인데요?

수학과 관련된 우리말을 풀어 주는 책인데,
아주 쉽고 재미있더라고!
정말 어휘력이
제곱되는 거죠?
나눠지면 안 되는데….

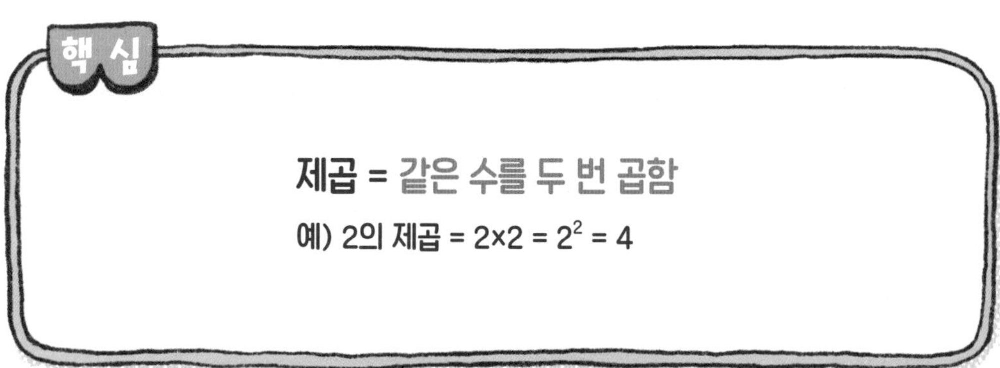

제곱은 2×2처럼 '같은 수를 두 번 곱하는 것'이에요. 계산을 하다 보면 제곱을 해야 하는 경우가 발생해요. 4×4처럼 구구단에서도 등장하고, 네 각과 네 변의 길이가 같은 정사각형의 넓이를 구할 때도 등장하죠. 수학에서 제곱은 중요하게 다뤄져요.

제곱은 저의 곱, 즉 자기의 곱이에요. 자기를 반복해서 곱한다는 거죠. 그런데 자기를 세 번이나 네 번 곱할 수도 있어요. 거듭해서 곱하기에 '거듭제곱'이라고 해요. 2×2×2는 2의 세제곱(2^3), 2×2×2×2는 2의 네제곱(2^4)이에요. 2^3이나 2^4처럼 제곱하는 횟수를 그 수 오른쪽 위에 작게 적어 주면 돼요.

2+2+2처럼 반복되는 덧셈을 2×3처럼 줄인 게 곱셈이에요. 그리고 같은 수를 반복해서 곱하는 게 거듭제곱이에요. 1보다 큰 수를 제곱하면, 크기가 기하급수적으로 커져요. 그래서 어떤 크기나 능력이 기하급수적으로 커질 때 제곱이라는 말을 사용하기도 해요. 어휘력이 제곱으로 늘어난다는 건, 어휘력이 엄청나게 좋아진다는 뜻이에요.

40

조삼모사

*송나라 저공

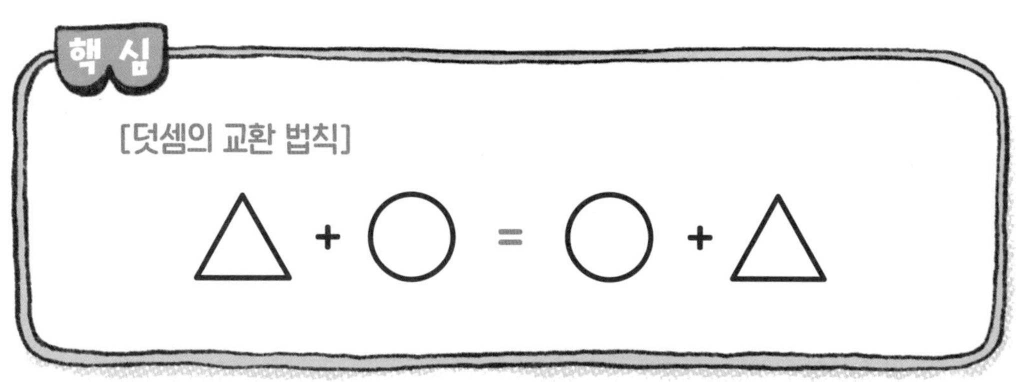

$$\triangle + \bigcirc = \bigcirc + \triangle$$

'조삼모사'란 간사한 꾀로 남을 속여 희롱하는 것을 말해요. 만화에 나온 것처럼 중국 송나라 저공의 고사에서 유래한 말이에요. 원숭이들이 받을 바나나의 양은 이러나저러나 7개예요. 먼저 적게 주느냐 많이 주느냐의 차이죠.

3+4나 4+3이나 모두 7이므로 3+4=4+3이에요. 너무도 당연한 이 사실이 수학에서는 아주 요긴하게 쓰인답니다. 그래서 이 사실에 '덧셈의 교환 법칙'이라는 거창한 이름까지 붙여 줬어요. '덧셈에서는 두 수의 순서를 바꿔서 계산해도 좋다'가 핵심이에요. 이 법칙을 잘 활용하면 까다로운 계산이 아주 수월해져요. 수학자 가우스가 이 법칙을 잘 써먹어서 1부터 100까지의 합을 아주 쉽게 구해 냈죠.

$1+2+3+\cdots+98+99+100=1+100+2+99+3+98+\cdots$

$=(1+100)+(2+99)+(3+98)+\cdots$

$=101+101+101+\cdots$

$=101\times50$

$=5050$

덧셈의 교환 법칙을 써먹지 못한다면 1부터 100까지 차근차근 더해야 해요. 지루한 덧셈을 반복해야 하죠. 하지만 교환 법칙을 적용하는 순간 마법 같은 일이 벌어져요. 위 수식처럼 순서를 바꿔 더하면 계산이 아주 쉬워지죠. 뭔가 일이 꼬이고 막막할 때는 일의 순서만이라도 바꿔 보세요. 변화가 시작될지도 몰라요.

41

줄잡아 말하다

와글
휴대폰
와글
와글

핸드폰 가게 앞에 왜
저렇게 사람이 많아?
새로 나온 제품을
사려고 기다리는 거래.

줄잡아 100명은
될 것 같은데!
에이, 그 정도는 안 될걸.
너무 늘려 잡은 거 아냐?
휴대폰

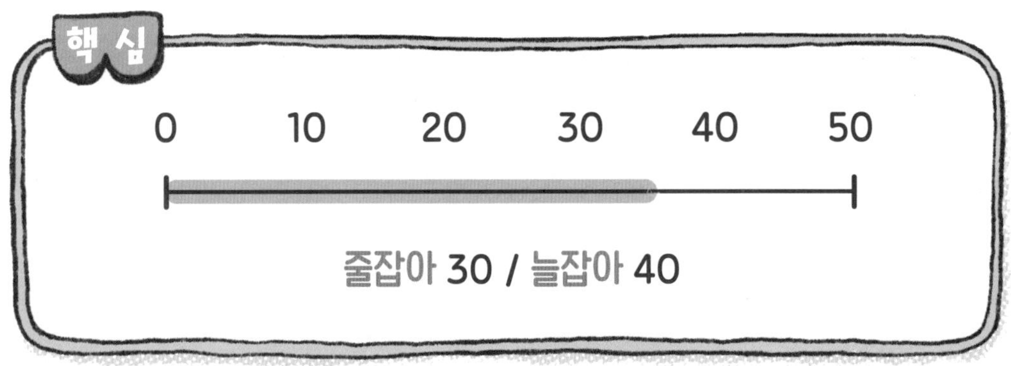

줄잡아 말한다는 것은 대강 짐작으로 헤아려 보는 거예요. '대충'이나 '대략', '어림짐작' 정도의 뜻이죠. 하지만 엄밀히 말하면 '줄잡아'는 '대충'이나 '대략'과 뜻이 미묘하게 달라요.

'줄잡아'는 '줄잡다'가 활용된 말이에요. '줄잡다'라고 하니까 느낌이 좀 다르죠? '줄잡다'는 줄여서 잡는다는 거예요. 정확한 크기보다 대충 작게 잡는다는 거죠.

'줄잡다'와 반대되는 말로는 '늘잡다'가 있어요. '늘잡다'는 정확한 크기보다 대충 늘려서 잡는 거예요. 늘잡아 100명이라고 말할 수 있겠죠.

'대충'에도 두 가지가 있네요. 늘려 잡는 대충과 줄여 잡는 대충. 즉 '줄잡아'와 '늘잡아'가 있어요. 그러니 상황에 맞게 잘 골라서 사용해 보세요.

42 초점

돋보기는 참 대단해.
초점을 맞추면
불이 나잖아.

그래서 어떤 수학자는 돋보기를 활용해서
전투를 치렀다고 하잖아.
이 조그만 돋보기로?

아니,
큰 돋보기를
만들어서
적군의 배를
태워 버렸대.

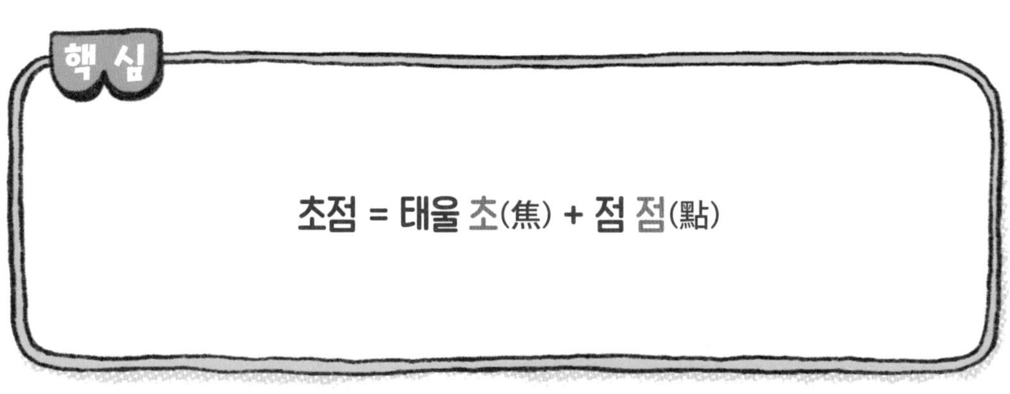

돋보기의 초점을 잘 맞추면 태양열이 한곳에 모여 불이 붙어요. '초점'의 한자는 태울 초(焦), 점 점(點)으로, '불태우는 점'이라는 뜻이에요. 고대 그리스의 수학자 아르키메데스가 큰 돋보기를 만들어 전투에 사용했다는 전설도 전해지고 있어요.

초점의 뜻은 '불태우는 점'에서 더 확장되었어요. 보통 초점이라고 하면 '사람들의 관심이나 주의가 집중되는 사물의 중심 부분'을 말해요. 초점이 가장 잘 맞는 상태는 관심이나 주의가 한 점으로 모이는 거예요. 선이나 면만 되어도 주의가 분산되어 초점이 흐려지죠. 그래서 '초선'이나 '초면'이라는 말은 아예 없어요. 초점의 뜻과 점의 특성이 너무나 잘 어울려요.

43

촌수

아빠,
내가 저 꼬맹이를
'삼촌'이라고 불러야
한다고?

응. 촌수로는
그렇게 되거든.
삼촌

나이는 내가 더
많은데?

촌수에서는 나이를
따지지 않아.

1촌: 나 — 부모

2촌: 나 — 부모 — 나의 형제자매 / 나 — 부모 — 조부모

3촌: 나 — 부모 — 조부모 — 부모의 형제자매

4촌: 나 — 부모 — 조부모 — 부모의 형제자매 — 사촌 형제자매

친척들이 많이 모일 때면 촌수를 따지곤 해요. 촌수에 따라 관계가 정리되면 호칭과 말투가 달라지죠. 나보다 나이가 더 어린 친척에게 높임말을 써야 하는 경우도 있어요. 〈핵심〉을 보면 나와 부모, 형제자매 등의 사이에 붉은 선이 그어져 있죠? 바로 그 선이 '촌(寸)'으로 불리는 마디예요. 그 마디의 개수가 촌수이고요. 촌수는 친족 사이의 멀고 가까운 정도를 나타내요. 촌수가 작을수록 가깝고, 클수록 먼 관계랍니다.

촌수를 따질 때 출발점은 자신이에요. 부모님은 '나'로부터 마디 하나를 건너면 되죠? 나-부모. 그래서 나와 부모 사이는 1촌이에요. '나'에서 나의 형제자매까지는 부모를 거쳐 한 번 더 가야 해요. 나-부모-나의 형제자매. 그래서 나와 형제자매 사이는 2촌이에요. 나와 부모의 형제자매 사이는 '나-부모-조부모-부모의 형제자매'가 돼요. 몇 촌이죠? 네, 3촌이에요. 그래서 부모님의 남자 형제를 '삼촌'이라고 부르는 거랍니다.

촌수에서 빠지는 관계가 있어요. 바로 부부 사이예요. 부부는 보통 친족이 아닌 사람들끼리 맺어져요. 촌수를 따질 수 없는 거죠. 하지만 부부는 결혼을 통해 맺어진 가장 가까운 관계예요. 그래서 부부를 0촌이라고도 해요. 1촌보다도 가깝게 보는 거죠. 사람 사이의 멀고 가까운 정도마저 수로 표현할 수 있다는 게 참 신기하지 않나요?

44 태반

엄마, 저는 학교에서
주류에 속해요.

갑자기 그게
무슨 소리야?

컴퓨터 시험에서 떨어졌거든요.
우리 학교 학생 태반이 떨어졌대요.
시험이 너무 어렵게 나왔어요.

아, 태반에 속해서
주류라고?
하하

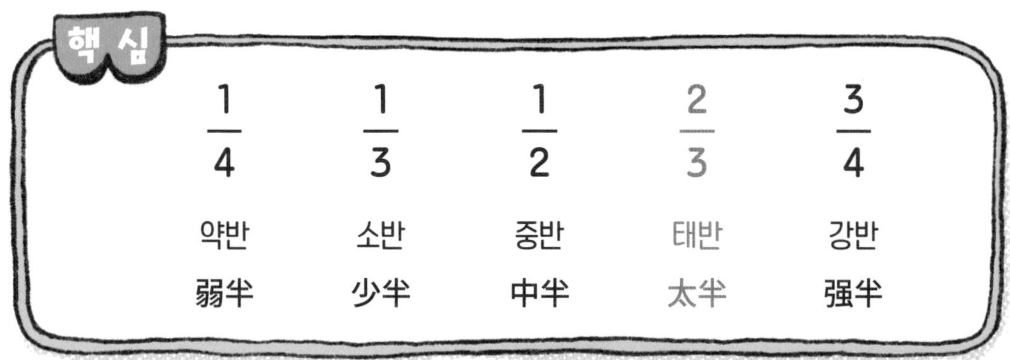

핵심

$\frac{1}{4}$	$\frac{1}{3}$	$\frac{1}{2}$	$\frac{2}{3}$	$\frac{3}{4}$
약반	소반	중반	태반	강반
弱半	少半	中半	太半	强半

'태반'의 한자는 클 태(太), 반 반(半)으로, 전체의 반 이상이라는 뜻이에요. 시험에서 태반이 떨어졌다는 말은 전체의 절반 이상이 떨어졌다는 거죠. 절반 이상이면 어느 정도일까요? 지금은 태반의 뜻이 두루뭉술하지만 원래는 그렇지 않았어요. 어느 정도인지 정확하게 정해져 있었죠.

태반은 분수 $\frac{2}{3}$를 부르는 말이었어요. 분수의 개수는 무한하지만, 그중에서 특히 자주 사용되는 분수가 있어요. 우리 선조들은 자주 사용되는 분수에 특별한 이름을 붙여 줬는데, 태반도 그중 하나였어요.

〈핵심〉처럼 분모가 2, 3, 4인 분수들로, 지금도 자주 사용되죠. 한가운데인 $\frac{1}{2}$이 '중반'이에요. 스포츠 경기가 중반전에 접어들었다고 말하듯이 중반이라는 말은 아직도 많이 사용되고 있어요. 중반과 태반을 제외한 다른 말들은 이제 거의 사용되지 않아요. 5개 중에 2개가 살아남았으니, 태반($\frac{2}{3}$)이 사라진 것은 아니네요.

45

퍼센트

어떤 물건 가격이 20% 올랐다가
20% 다시 내리면 어떻게 될까요?
20%
20%

당연히 처음 가격이랑
똑같아요.

그럴까요?
100에서 20%
오르면 120. 거기서
20%를 내려 보세요.

120에서 20% 내리면… 120−(120× 20/100)
= 120−24=96 어? 더 줄어들었네요!

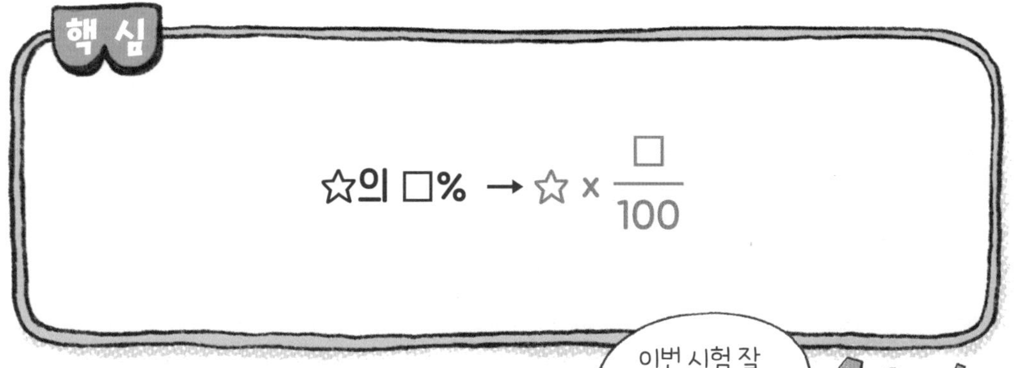

이번 시험 잘 봤으니까 용돈을 10% 올려 주마!

10%

야호!

몇 퍼센트(%)를 올린다거나, 몇 퍼센트 좋아졌다거나 하는 이야기를 많이 들어요. 특히 시장이나 마트에서 세일할 때면 숫자와 퍼센트가 큼지막하게 표시되어 있어요. 그러면 사람들은 할인가를 계산해 보고 살지 말지 결정해요.

퍼센트(percent)는 '퍼(per)+센트(cent)'랍니다. 퍼(per)는 매일, 매년이라고 할 때의 '매~' 또는 '~마다'라는 뜻이에요. 기호로는 '/'예요. 센트(cent)는 100을 뜻하는 단어예요. 따라서 퍼센트(percent)는 '□/100'으로 쓸 수 있어요. 뜻은 '100마다'이고요.

15,000원인 물건의 30%를 생각해 볼까요? 퍼센트는 '□/100'이므로, 30%는 30/100이 돼요. 30/100은 무슨 뜻일까요? 기준을 100으로 봤을 때 30에 해당한다는 뜻이에요. 1을 기준으로 하면 0.3이에요. 물건 가격 15,000원에 대한 30%를 구하려면, 15,000원에 $\frac{30}{100}$ 또는 0.3을 곱하면 돼요. 15,000원× $\frac{30}{100}$은 4,500원이네요.

이처럼 퍼센트는 100을 기준으로 하는 비율이에요. 그래서 '백분율'이라고 해요. 이제 퍼센트(%)를 만나면 '□/100'으로 바꿔 생각해 보세요.

46 하룻강아지

어쭈
너 지금 나한테
폼 잡는 거냐?

나도 태권도 배웠거든.
얍!

하룻강아지
범 무서운 줄 모르네.
그러다 다친다.

형이야말로 하룻강아지가
얼마나 무서운지 모르네, 뭘!

[동물의 나이를 나타내는 고유어]

1살	2살	3살	4살	5살	6살	7살	8살	9살	10살
하릅	두습	세습	나릅	다습	여습	이롭	여듭	아습	담불

상대가 누구인지도 모르고 함부로 까불거나 덤빌 때, '하룻강아지 범 무서운 줄 모른다'고 말하곤 해요. 범 무서운 줄 알라는 거죠. 그런데 하룻강아지를 하루밖에 안 된 강아지로 알고 있는 경우가 많아요. 태어난 지 하루밖에 안 된 강아지라면 범 무서운 줄 모르겠죠. 눈도 제대로 못 떠 범을 알아보지도 못할 거예요.

하룻강아지의 실제 뜻은 '한 살 된 강아지'예요. 만 한 살이면 한창 뛰고 돌아다니며 겁 없이 대들 때예요. 경험이 부족해 범 같은 상대를 보고도 무서운 줄 모르고 대드는 거죠. 그렇게 대들다가 된통 당해 봐야 무서운 줄 알게 돼요.

하룻강아지의 원래 말은 '하릅강아지'였어요. 〈핵심〉처럼 우리 선조들은 동물의 나이를 사람의 나이와 다르게 불렀어요. 하릅은 동물 나이 1살을 의미해요. 그 하릅이 변해 하룻강아지가 된 거예요. 하룻강아지의 뜻도 제대로 알아 두고, 범 무서운 줄도 알아 둬야겠습니다.

47

할푼리

프로 야구 작년
최고 타율이 어떻게 돼?

음… 3할 4푼 9리였네.

3할 5푼도 안 돼? 4할 타자는
꿈도 꾸기 어렵겠다.

꿈은 꿀 수 있지! 내 꿈이
바로 4할 타자라고!

1할	1푼	1리
0.1	0.01	0.001

'할푼리'라는 말을 요즘에는 거의 야구에서만 볼 수 있죠. 타자의 타율을 말할 때 사용해요. 타율이 '3할4푼9리'라면, 100번 중 34.9회 정도 안타(타자가 안전하게 베이스에 나아갈 수 있도록 친 타구)를 쳤다는 뜻이에요. 타율이 높을수록 안타를 칠 확률 또한 높아져요.

할은 10%, 푼은 1%, 리는 0.1%를 뜻해요. 전체를 1로 봤을 때의 비율로 나타내면 1할은 0.1, 1푼은 0.01, 1리는 0.001이에요. 그래서 3할4푼9리를 0.349라고 적을 수 있어요. 실제 야구 방송이나 기록을 보면 타율을 0.355처럼 소수로 표현해요.

할푼리는 일본에서 만들어져 우리나라에 들어온 말이에요. 이제는 주로 야구에서만 사용되는 만큼 야구의 운명과 함께할 것 같네요.

48 할망구

누나, 이 앱 되게 재밌다!
60년 후의 누나 모습을 보여 줘.
어디 보자!

오~
제법 괜찮은데.
멋진 할머니잖아.
지금처럼 예쁜 척하는 할망구, 아니 할머니 같네.

두고 봐. 60년 후에
정말로 멋진 할머니가
되어 있을 테니까!

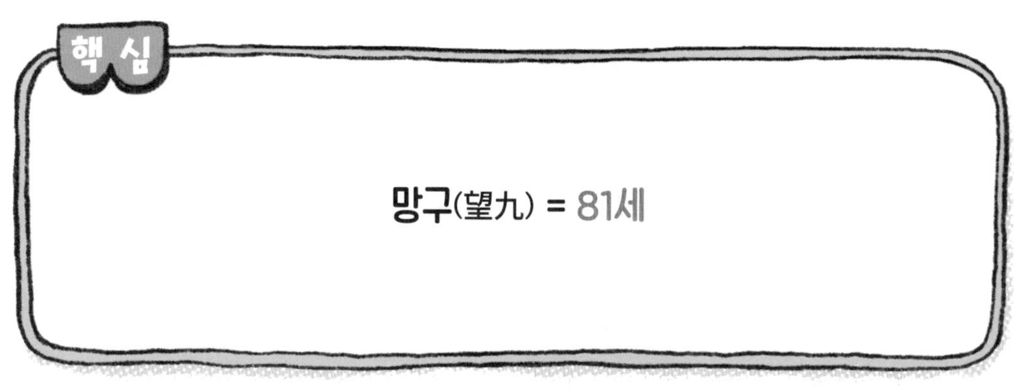

'할망구'라는 말은 할머니를 다소 낮잡아 부를 때 쓰이고 있어요. 할망구를 간단히 '망구'라고도 하는데, 망구는 원래 육순이나 칠순처럼 특정한 나이를 나타내는 말이었어요. 망구(望九)의 한자는 구(九)를 바라고 기대한다(望)는 뜻이에요. 90세의 나이를 바라본다는 의미죠.

누구나 90세 이상 장수하고 싶어 하지만, 좀 더 각별한 마음으로 90세를 바라보는 사람은 나이가 81세인 사람들 아닐까요? 80세를 지났으니 이제 90세가 될 때까지 건강하게 살기를 바라는 거죠. 그래서 81세를 망구라고 했어요. 그와 비슷하게 71세는 망팔(望八)이었고요.

망구는 원래 축하와 그다음 나이에 대한 기대가 담긴 말이었답니다. 그 좋은 뜻을 되살리면 좋겠네요. 그래도 이제 할망구라는 말은 되도록 쓰지 말기로 해요. 다소 불쾌한 표현이 되어 버렸으니까요.

49

환갑

Hi~
2024년 갑진년
00월
....
응애

엄청 조그맣고 귀엽군! 네 돌잔치에도, 환갑잔치에도 최고의 선물을 주마!

녀석, 벌써 동생 환갑잔치까지 생각하다니.

막내가 환갑이면 2084년?!

60(육십갑자) = 10(십간)과 12(십이지)의 최소공배수

생일 중에서도 환갑처럼 더 특별히 축하받는 생일이 있어요. 환갑(還甲)은 만 60세가 되는 생일을 말해요. 돌아올 환(還), 갑옷 갑(甲)으로, '갑으로 돌아온다'는 뜻이에요. 여기에서 갑은 '육십갑자'를 말해요. 육십갑자는 십간과 십이지를 결합하여 만든 60개의 간지(干支)예요.

십간과 십이지를 쭉 나열하여 하나씩 짝지어볼까요? 갑자, 을축, 병인, 정묘… 이렇게 돼요. 십간은 10개이고 십이지는 12개이므로 십간이 한번 돌고 나면 그다음 짝이 바뀌게 돼요. 갑술, 을해, 병자, 정축…. 이렇게 돌아가며 짝이 바뀌죠.

하지만 계속해서 짝이 달라지는 건 아니에요. 언젠가는 처음 맺었던 짝인 '갑자'로 다시 돌아오게 돼요. 그때가 환갑이에요. 환갑은 맨 처음의 갑자로 다시 돌아온다는 뜻이에요. 그러려면 몇 번의 짝짓기가 흘러가야 할까요? 톱니 수가 10개인 톱니바퀴와 12개인 톱니바퀴가 맞물려 돌다가 맨 처음의 상태로 돌아오는 수학 문제와 똑같아요. 10과 12의 '최소공배수'를 구하면 됩니다. 그게 60이에요. 그래서 '육십갑자'라고 하죠. 환갑은 일평생 딱 한 번 돌아오는 게 보통이에요. 그러니 정말 특별하게 축하해 줘야겠죠?

50

황금비

떡볶이를 만들 때 고추장과 설탕의 비율이
어떻게 됩니까?
순대
떡볶

그 황금비를
공짜로 알려 달라는
말이냐?

캬~~
돈을 벌게 해 주니까
'황금비'다, 이거군요!

황금만큼이나 귀하고 아름다운
비율이란 뜻이지!
떡볶이

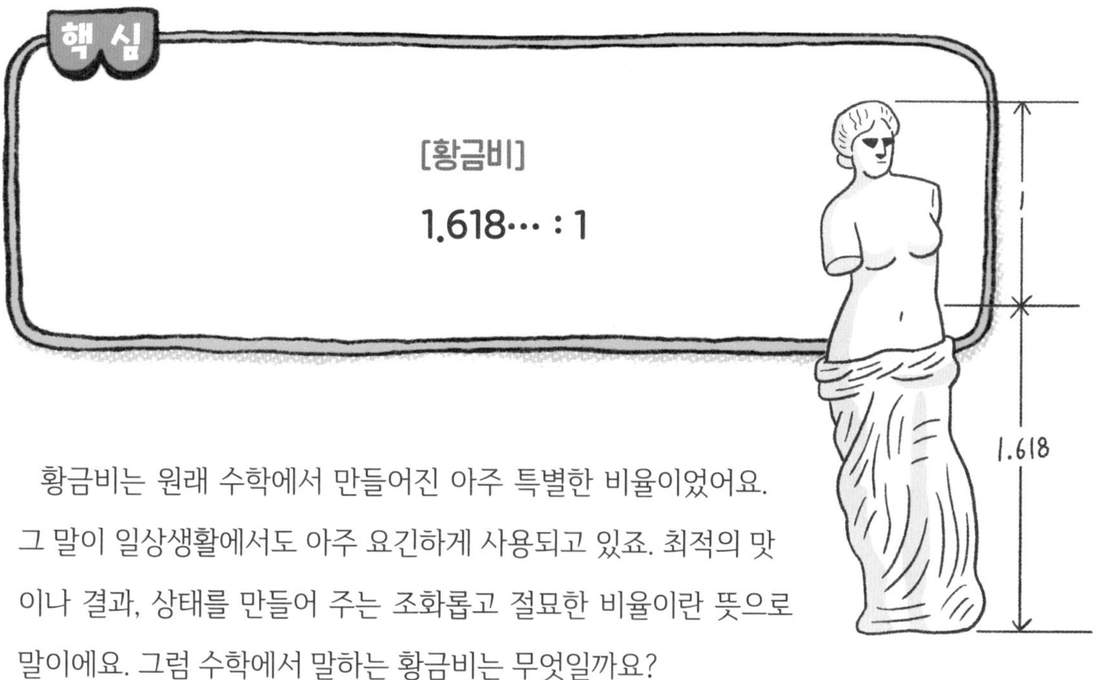

황금비는 원래 수학에서 만들어진 아주 특별한 비율이었어요. 그 말이 일상생활에서도 아주 요긴하게 사용되고 있죠. 최적의 맛이나 결과, 상태를 만들어 주는 조화롭고 절묘한 비율이란 뜻으로 말이에요. 그럼 수학에서 말하는 황금비는 무엇일까요?

□ 1
A C B

1 :
□ :
□+1 :

선분AB가 있어요. 이 선분을 □:1의 비로 쪼갤 거예요. 그러면 오른쪽 그림처럼 3개의 선분이 만들어져요. 이 때 □:1 와 □+1:□의 비가 같으면 황금비라고 해요.

□:1 = □+1:□

이 관계를 만족시키는 □의 값은 딱 하나로 유일해요. □는 '1.618…'로, 보통 '1.618'이라고 말해요. 고대 그리스인들은 이 비율을 가장 안정감 있고 균형 있는 비율이라고 생각했어요. 그래서 나중에 사람들은 이 비에 '황금비'라는 멋진 이름까지 붙여 줬답니다.

짜장면 곱빼기에 수학이 들어 있다고?

수학이 숨어 있는 일상 어휘 50가지

2024년 11월 29일 1판 1쇄

글쓴이 김용관
그린이 이창우

편집 최일주, 이혜정, 홍연진
디자인 이아진
제작 박흥기
마케팅 양현범, 이장열, 김지원
홍보 조민희
인쇄 코리아피앤피
제책 J&D바인텍

펴낸이 강맑실
펴낸곳 (주)사계절출판사
등록 제406-2003-034호
주소 (우)10881 경기도 파주시 회동길 252
전화 031)955-8588, 8558
전송 마케팅부 031)955-8595 편집부 031)955-8596

홈페이지 www.sakyejul.net
전자우편 skj@sakyejul.com
페이스북 facebook.com/sakyejulkid
인스타그램 instagram.com/sakyejulkid
블로그 blog.naver.com/skjmail

ISBN 979-11-6981-343-3 73410
ISBN 979-11-6981-159-9(세트)